化工工艺及安全技术探究

钱小平　孟笑言　王文斌◎著

吉林科学技术出版社

图书在版编目（CIP）数据

化工工艺及安全技术探究 / 钱小平，孟笑言，王文
斌著. -- 长春 : 吉林科学技术出版社，2023.6
ISBN 978-7-5744-0636-0

Ⅰ．①化… Ⅱ．①钱… ②孟… ③王… Ⅲ．①化工过
程－工艺学②化工安全 Ⅳ．①TQ02②TQ086

中国国家版本馆 CIP 数据核字(2023)第 152845 号

化工工艺及安全技术探究

著	钱小平　孟笑言　王文斌	
出 版 人	宛　霞	
责任编辑	赵海娇	
封面设计	金熙腾达	
制　　版	金熙腾达	
幅面尺寸	185mm×260mm	
开　　本	16	
字　　数	308 千字	
印　　张	13.5	
印　　数	1–1500 册	
版　　次	2023年6月第1版	
印　　次	2024年2月第1次印刷	

出　　版　吉林科学技术出版社
发　　行　吉林科学技术出版社
地　　址　长春市福祉大路5788号
邮　　编　130118
发行部电话/传真　0431-81629529 81629530 81629531
　　　　　　　　　81629532 81629533 81629534
储运部电话　0431-86059116
编辑部电话　0431-81629518
印　　刷　三河市嵩川印刷有限公司

书　　号　ISBN 978-7-5744-0636-0
定　　价　85.00元

前　言

　　中国的化学工业已经从引进工艺走向创新研发的阶段，急需一代代创新型、应用型的工程技术人才。化学工业是我国国民经济的支柱产业，其主要包括无机化工、有机化工等，为我国社会经济发展和国防建设等提供了重要的基础材料和能源。化学工业在世界各国的国民经济中皆占据重要的位置，自2010年起，我国化学工业经济总量居全球第一。

　　化工行业离不开化工安全生产，化工安全生产和稳定运行是我国国民经济的保障，对推进《中国制造2025》至关重要。然而，化工生产工艺技术复杂，常常涉及高温高压、低温和真空条件，具有易燃、易爆、有毒、有害等特点，容易发生泄漏、腐蚀、火灾、爆炸等生产安全事故。因此，坚持普及化工安全技术，加强对从业人员的安全教育培训，提高人们的安全技术素质，保证化工安全生产，是化工行业一项长期且十分重要的任务。

　　化学工艺学是化学工程与技术的核心课程，是研究由化工原料加工成化工产品的化工生产过程的一门学科。本书主要研究化工工艺并对安全技术进行探究，本书从化学工艺学基础介绍入手，针对无机化工工艺、石油化工工艺以及化工产品生产与安全技术进行了分析研究；另外对化工单元操作与安全技术、化工安全应急救援技术做了一定的介绍；还对职业健康与劳动保护提出了一些建议，旨在帮助化学工程工作者在应用中少走弯路，运用科学方法，提高效率。本书可以作为安全科学与工程、化学工程及相关工程类专业本、专科生的指导用书，也可以作为化工领域从事安全生产技术与管理专业人员的参考用书。

　　在本书写作的过程中，参考了许多资料以及其他学者的相关研究成果，在此表示衷心的感谢。鉴于时间仓促，水平有限，书中难免出现一些谬误之处，恳请广大读者、专家学者能够予以谅解并及时进行指正，以便后续对本书做进一步的修改与完善。

目　录

第一章　化学工艺学基础

第一节　化工工艺基础知识

化工生产是采用具体的化学工艺技术将原料物通过化学反应转变为产品。此过程涉及原料和生产方法的选择，流程组织、设备（反应器、分离器、热交换器等）、催化剂的选择和操作条件的确定，生产控制，产品规格，副产品的分离和利用，以及安全技术和技术经济等问题。

一、化工生产过程

化工生产过程是经过化学反应将原料转变成产品的工艺过程。其特点之一是操作步骤多，原料在各步骤中依次通过若干个或若干组设备，历经各种方式的处理之后才能成为产品；特点之二是不同的化学工艺所用的原料与所得的产品不同，因此，各种化工过程的差别很大。

化工生产过程一般可概括为原料预处理、化学反应、产品分离与精制三大步骤。

原料预处理也称为生产过程的上游，主要目的是采用多种物理、化学方法与技术使初始原料达到化学反应加工所需要的状态和规格。如固体原料破碎、过筛，液体原料加热或汽化，某些反应物预先除杂，以及配制成一定浓度的溶液。

化学反应是生产过程的中游阶段，完成由原料到产物的转变，是化工生产过程的核心。反应温度、压力、浓度、催化剂（多数反应需要）或其他物料的性质、反应设备的技术水平等各种因素对产品的数量和质量有重要影响，是化学工艺学研究的重点内容。

化学反应类型繁多，按特性来划分，有氧化、还原、加氢、脱氧、歧化、异构化、烷基化、脱基化、分解、水解、水合、偶合、聚合、缩合、酯化、磺化、硝化、卤化、重氮化等众多反应；按反应体系中物料的相态来划分，有均相反应和非均相反应（多相反应）；按是否使用催化剂来划分，有催化反应和非催化反应。

化工生产实现化学反应过程的反应器类型众多，不同反应过程所用的反应器不同：按结构特点来划分，反应器有管式反应器（装填催化剂，也可是空管）、床式反应器（装填催化剂，有固定床、移动床、流化床和沸腾床等)、釜式反应器和塔式反应器等；按操作方式来划分，有间歇式反应器、连续式反应器和半连续式反应器三种；按换热状况来划分，有等温反应器、绝热反应器和变温反应器；按换热方式来划分，有间接换热式反应器和直接换热式反应器。

产品分离与精制。这是生产过程下游处理阶段，在本阶段获取符合规格的产品，并回收、利用副产物。在多数反应过程中，反应后的产物是包括目标产物在内的许多副产物、残余原料、助剂等物质的混合物。有时目标产物的浓度很低，必须对反应后的混合物进行分离、提浓和精制，才能得到符合规格的产品。同时要回收残余反应物，以提高原料利用率。

分离和精制的方法和技术是多种多样的，通常有冷凝、吸收、吸附、冷冻、闪蒸、精馏、萃取、渗透膜分离、结晶、过滤和干燥等，不同生产过程可以有针对性地采用相应的分离和精制方法。分离出来的副产物和"三废"也应加以利用或处理，实现生产过程低排放或零排放。

(一) 化工生产过程使用的化工设备

各种前处理：粉碎设备、混合设备、压力设备、制冷设备。
化学加工：反应设备、压力设备、制冷设备、传热设备。
各种后处理：分离设备、浓缩结晶、干燥设备、环保设备。
化工产品：储运设备、成型设备、包装设备、塑料工业专用、橡胶工业。

(二) 化工生产过程中经历的传递过程

动量传递过程（单相或多相流动）。
热量传递过程——传热。
质量传递过程——传质。
传递过程是各个化学过程统一的研究对象，也是联系各单元操作的一条主线，"三传一反"构成各种工艺制造过程。

二、化工生产工艺流程

任何一种化工产品都是将原料通过各种工序和化工装置，在一定的工艺条件下，进行一系列的加工处理得到的。产品不同，原料、装置、工艺各不相同。

(一) 化工生产工艺流程的基础

化工生产工艺流程是由一系列单元操作、单元反应按加工顺序所构成的生产过程。

生产过程中，原料需要经过包括物质和能量转换的一系列加工，方能转变成所需产品，实施这些转变需要有相应的功能单元来完成，按物料加工顺序将各功能单元有机地组合起来，则构成工艺流程。将原料转变成化工产品的工艺流程称为化工生产工艺流程。

化工生产中的工艺流程是多种多样的，不同产品的生产工艺流程固然不同，同一产品用不同原料来生产，工艺流程也大不相同；有时即使原料相同，产品也相同，若采用的工艺路线或加工方法不同，在流程上也有区别。

工艺流程多采用图示方法来表达，称为工艺流程图。

工艺流程图是将一个过程的主要设备、机泵、控制仪表、工艺管线等按其内在联系结合起来，实现从原料到产品的过程所构成的图，简明地反映出由原料到产品过程中各物料的流向和经历的加工步骤，从中可了解每个操作单元或设备的功能及相互间的关系、能量的传递和利用情况、副产物和"三废"的排放及其处理方法等重要工艺和工程知识。

（二）化工生产工艺流程的组织原则

在化工生产中工艺流程的合理性主要体现在技术上先进、经济上合理、安全上可靠，而且应符合国情、切实可行。因此，在组织工艺流程时应遵循以下原则：

1. 物料及能量的充分利用

尽量提高原料的转化率和主反应的选择性，因而应采用先进的技术、合理的单元、有效的设备，选用最适宜的工艺条件和高效催化剂。充分利用原料，对未转化的原料应采用分离、回收等措施循环使用以提高总转化率。副反应物也应当加工成副产品，对采用的溶剂、助剂等一般也应建立回收系统，减少废物的产生和排放。对废气、废液和废渣应尽量考虑综合利用，以免造成环境污染。

要认真研究换热流程及换热方案，最大限度地回收热量。如尽可能采用交叉换热、逆流换热，注意安排好换热顺序，提高传热速率等。

要注意设备位置的相对高低，充分利用位能输送物料。如高压设备的物料可自动进入低压设备，减压设备可以靠负压自动抽进物料，高位槽与加压设备的顶部设置平衡管可有利于进料等。

2. 工艺流程的连续化、自动化

对大批量生产的产品，工艺流程宜采用连续操作，设备大型化和仪表自动化控制，以提高产量和降低生产成本，如果条件具备还可采用计算机控制；对精细化工产品及小批量多品种产品的生产，工艺流程应有一定的灵活性、多功能性，以便改变产量和更换产品品种。

3. 易燃、易爆的安全措施

对一些因原料组成或反应特性等因素而潜在的易燃、易爆等危险，在组织流程时要采取必要的安全措施。如在设备结构上或适当的管路上考虑安装防爆装置，增设阻火器、保安氮气等。工艺条件也要做相应的严格规定，尽可能安装自动报警及连锁装置，以确保安全生产。

4. 适宜的单元操作及设备类型

要正确选择合适的单元操作。确定每一个单元操作中的流程方案及所需设备的类型，合理安排各单元操作中设备的先后顺序。要考虑全流程的操作弹性和各个设备的利用率，并通过调查研究和生产实践来确定弹性的适应幅度，尽可能使各台设备的生产能力相互匹配，以免造成浪费。

根据上述工艺流程的评价标准和组织原则，就可以对某一工艺流程进行综合评价。主要内容是根据实际情况讨论该流程有哪些地方采用了先进的技术，并确认流程的合理性；论证流程中有哪些物料和热量充分利用的措施及其可行性；工艺上确保安全生产的条件等流程具有的特点。此外，也可同时说明因条件所限还存在有待改进的问题。

三、化学产品生产工艺流程的评价体系

对化学产品生产的工艺流程进行评价，目的是根据工艺流程的组织原则来衡量被考察评价的工艺流程是否达到最佳效果。对新开发或设计的工艺流程进行评价，可以使其不断改进和完善，使之成为一个优化组合的先进流程；对现有化工生产流程进行分析与评价，通过评价可以清楚该工艺流程有哪些特点，还存在哪些不合理或应改进的地方，与国内外类似工艺过程相比，又有哪些技术值得借鉴等，由此找到改进工艺流程的措施和方案，使其得到不断优化。

（一）技术的先进性、适用性和可靠性

1. 先进性

分析与评价技术的先进性就是要考察被评价流程是否注意开发和使用切实可行的新技术、新工艺，是否吸收了国内外先进的生产方法、装置和专门技术，是否采用了先进设备。技术上先进常常表现为劳动生产率高、资源利用充分和消耗定额低。

2. 适用性

分析与评价技术的适用性就是要考察被评价流程是否符合国情；使用和管理的先进工艺与设备，是否充分考虑当地的技术发展水平和人员素质，是否考虑了当地的经济发展规

划和经济承受能力等；还要考察其可能排放的"三废"情况及其治理措施。

3. 可靠性

分析与评价技术的可靠性，首先，要考察被评价流程是否选择了能够满足产品性能要求的生产方法。其次，要考察技术是否成熟，过程是否稳定。再次，要考察流程中的关键性技术是否有突破；操作控制手段是否有效；对一些由于原料组成或反应特性存在易燃、易爆、有毒等潜在因素，对设备有较强的腐蚀性等危险因素，是否采取了必要的安全措施。最后，要考察各项技术经济指标是否达到设计要求。技术的可靠性就是指生产装置连续正常运转，生产出符合质量要求的合格产品，各项技术经济指标达到设计要求。

（二）经济的合理性

1. 原材料的优化

通常用原料利用率作为衡量的指标。在评价流程时，就是要考察原料利用是否合理，副产物和废物是否采取了合理的加工利用措施。

2. 能量的充分、有效、合理利用

对评价流程配置中能量的考察，以在满足工艺要求的前提下，降低过程能量的消耗作为依据。主要考察工艺过程中的各种能量是否在工艺系统自身中得到充分的利用，以及实现了按质用能，从而提高能量的有效利用程度，降低能耗。

3. 设备的优化

通常用设备的生产强度作为衡量的指标，就是要考察被评价流程是否通过提高过程速率、改善设备结构等来提高设备的生产强度，从而实现了设备的优化。

4. 劳动生产率的提高

劳动生产率的提高除了通过提高原料利用率、降低能耗、提高设备的生产强度来实现外，还与机械化、自动化及生产经验、管理水平和市场供需情况等因素有关，因此，要考察这些因素对生产率的影响。

（三）工业生产的科学性

由于化工生产一般采用连续操作，因此，在流程分析与评价时首先要考虑根据生产方法确定主要的化工过程及设备，然后根据连续稳定生产的工艺要求，进一步考察配合主要化工过程所需要的辅助过程及设备，以达到对流程科学性与合理性的评价。

（四）操作控制的安全性

评价流程时还必须考察在一些设备及连接各设备的管路上所需要的各种阀门、检测装置及自控仪表等。当这些装置的位置、类型及规格完全确定后，才能使工艺流程处于可控制状态。为了维修及生产上的安全，还需要考虑并分析必要的设备。

总之，在分析、评价和优化工艺流程时，既要考察技术效率及其经济效益，也要考虑社会效益。

第二节 化工装置的操作方式

用于化学工业反应的装置称为化工装置，是化工生产过程中的核心设备。化工装置选用得是否适当，对转化率、能耗等都有很大的影响，对产品是否能够顺利制取及生产过程的经济效益起着关键的作用。

一、反应装置的分类

由于化工反应种类繁多，物料的聚集状态也各不相同，因此，化工反应装置的形式与操作法多种多样，不易统一整理，先来考虑反应装置的分类。

总体来说，反应装置的分类基准有反应装置的结构形式、反应样式、操作法、反应物料的聚集状态和换热方式等。

（一）按反应装置的结构形式分类

1. 釜式反应器

釜式反应器，是一种低高径比的圆筒形反应器，用于实现液相单相反应过程和液液、气液、液固、气固等多相反应过程。反应是在一个密闭的釜体中进行，一般反应釜由筒体、夹套、盖、搅拌器及蛇管组成。搅拌器的作用是使反应物均匀混合，夹套和蛇管的作用是使反应能够在工艺规定的温度下进行。

2. 管式反应器

管式反应器，是一种呈管状、长径比很大的连续操作反应器。反应是在由一根或者多根管子串联或者并联构成的反应器中进行，如裂解反应所用的管式炉等。

3. 塔式反应器

塔式反应器，是一种圆柱塔形反应器，这类设备常用于气液或液液反应，主要可以分为鼓泡塔、填料塔、板式塔及喷淋塔。若在塔式反应器中装填催化剂，则成为下述的固定床反应器。

4. 固定床反应器

固定床反应器，又称填充床反应器，是一种装填有固体催化剂或固体反应物用以实现多相反应过程的反应器。固体填料通常呈现颗粒状，堆积成一定厚度的床层，静止不动，流体通过床层进行反应。固定床反应器主要用于实现气固催化反应，如氨合成塔、二氧化硫接触氧化器、烃类蒸气转化炉等。

5. 流化床反应器

流化床反应器，是一种利用气体或液体通过颗粒状固体层而使固体颗粒处于悬浮运动状态，并进行气固反应或液固反应过程的反应器。反应物自下而上流过颗粒层，在流体的作用下颗粒被吹起并悬浮在流体中，犹如沸腾的液体。因此，在用于气固系统时，又称为沸腾床反应器。

6. 喷射反应器

喷射反应器，是一种利用喷射器进行混合，实现气相或液相单相反应过程和气液相、液液相等多相反应过程的设备。其原理是利用高速流动相去卷吸其他相，使各相密切接触，继而在反应器内均匀分散或悬浮，并完成反应。喷射反应器主要由喷嘴、反应釜体及其附属装置（如气液分离器、换热器、循环泵等）组成。

7. 其他多种非典型反应器

其他多种非典型反应器，如回转窑、曝气池等。

（二）按反应物料的聚集状态分类

按反应物料的聚集状态，反应装置可分为均相反应器和非均相（多相）反应器。

在单一固相、气相、液相中进行的化工反应称为均相反应，即在反应过程中与其他物相没有物质交换的反应，该类反应器称为均相反应器。其中：反应物料均为气体的为气相反应，所有标准平衡常数都只是温度的函数，如石油气的裂解反应；反应物料均为液体的为液相反应，与气相反应比较，分子十分接近，相互作用力十分重要，扩散作用对动力学的影响尤为显著，如醋酸与乙醇的酯化反应；反应物料只有一种固相物质的为固体均相反应，是单一的固相中结构组元发生的局域重排过程。

反应物料包含两个或更多相的反应过程称为非均相反应，也叫多相反应，该类反应器称为非均相反应器。在这种反应过程中，有的反应物料始终为多相，有的在反应过程中由单相转变为多相，或者由多相转变为单相，包括气固相反应、气液相反应、液液相反应、液固相反应、气液固相反应及固固相反应等。如合成氨是氢气、氮气与固体催化剂之间的气固相反应，而乙烯与苯反应生成乙苯是气液相反应。

（三）按换热方式分类

多数反应有明显的热效应，为使反应在适宜的温度条件下进行，往往需要对反应物料进行换热。换热方式有间接换热和直接换热。间接换热是指反应物料和载热体通过间壁进行换热；直接换热是指反应物料和载热体直接接触进行换热。

按反应过程中的换热状况，反应器可以分为以下三类：

1. 等温反应器

等温反应器，是反应物料在反应器内温度处处相等的一种理想反应器。反应热效应极小，或反应物料和载热体之间充分换热，或反应器内的热量反馈极大（如剧烈搅拌的釜式反应器），这样则可近似看作等温反应器。

2. 绝热反应器

绝热反应器，是反应物料区与环境无热量交换的一种理想反应器。现实中反应区内无换热装置的大型工业反应器，与外界自然的换热可忽略时，可以近似看作绝热反应器。

3. 非等温非绝热反应器

非等温非绝热反应器，是与外界环境有热量交换，反应器内也有热效应，达不到等温条件的反应器，如列管式固定床反应器。

二、对化工反应装置的要求

一是反应装置要有足够的反应体积，以保证反应物在反应器中有充分的反应时间来达到规定的转化率和产品的质量指标。

二是反应装置的结构要保证反应物之间、反应物与催化剂之间有良好的接触。根据生产过程需要，反应器的构架可设顶棚，也可布置在厂房内。

三是对于布置在厂房内的反应器，应设置吊车并在楼板上设置吊装孔，吊装孔应靠近厂房大门和运输通道。

四是反应装置要有足够的传热面积，保证及时有效地输入或引热量，使反应能在最适宜的温度下进行。反应器与提供反应热的加热炉的净距应尽量缩短，但不应小于 4.5m。

五是反应装置要有足够的机械强度和耐腐蚀能力，以保证反应过程安全可靠，反应器经济耐用。

六是对于内部装有搅拌或输送机械的反应装置，应在顶部或侧面留出搅拌或输送机械的轴和电机的拆卸、起吊等检修所需要的空间和场地。

七是操作压力超过 3.5MPa 的反应装置宜集中布置在装置的一端或一侧；高压、超高压有爆炸危险的反应设备，宜布置在防爆构建物内。

八是反应装置要尽量做到易操作、易制造、易安装和易维护检修。

三、化工装置的操作

（一）操作方式

1. 间歇操作

将原料按一定的配比一次性加入反应器，经过一段时间的反应达到一定要求后，将物料全部取出，称为放料。对反应器进行清洗后，再进行新的一轮操作。间歇操作设备简单，易于适应不同操作条件和产品品种，适用于小批量、多品种、反应时间较长的产品生产。反应器中不存在物料的返混，对大多数反应有利。但间歇操作需要装料、卸料及清洗等辅助操作，设备利用率低，劳动强度大，不宜采用自动控制，产品质量也不易稳定。如一些发酵反应和聚合反应至今采用的都是间歇操作。

2. 连续操作

反应器内连续加入原料，连续取出反应产品。当操作达到定态时，设备内任何位置上物料的组成、温度、浓度及流量都不随时间变化。连续操作的设备利用率高，劳动强度低，产品质量稳定，易于操作控制，适合大规模生产。但搅拌作用会造成设备内不同程度的返混，这对大多数反应不利，应通过反应器合理选型和结构设计加以抑制。

3. 半连续操作

介于两者之间，通常是将一种反应物一次加入，然后连续加入另一种反应物。反应达到一定要求后，停止操作并卸出产品。

（二）操作条件

操作条件主要是指反应装置的操作温度和压力。温度是影响反应过程的敏感因素，必须选择适宜的操作温度或温度序列，使反应过程在优化条件下进行。如可逆放热反应采用先高后低的温度以兼顾反应速率和平衡转化率。

反应装置的操作压力可在常压、加压或真空下。加压操作主要用于有气体参与的反应过程，提高操作压力有利于加速气相反应速率，对于总物质的量减小的气相可逆反应，则可提高平衡转化率，如合成氨、合成甲醇等。提高操作压力还可增加气体在液体中的溶解度，故许多气液相反应过程、气液固相反应过程都采用加压操作，如对二苯氧化等。

（三）操作规程

为使一个化工装置能够顺利开车、正常运行，以及安全生产出符合质量标准的产品，且产量又能达到设计规模，在装置投运开工前，必须编写一个该装置的操作规程。操作规程是指导生产、组织生产、管理生产的基本法规，是全装置生产、管理人员借以搞好生产的基本依据。在化工生产中由于违反操作规程而造成跑料、灼烧、爆炸、失火、人员伤亡等事故屡见不鲜。每个操作人员及生产管理人员，都必须学好操作规程，了解装置全貌及装置内各岗位构成，了解本岗位在整个装置中的作用，从而严格执行操作规程，按操作规程办事，强化管理、精心操作，安全、稳定、长周期、满负荷、优质地完成生产任务。

操作规程一般应包括以下内容：

一是有关装置及产品基本情况的说明。如装置的生产能力，产品的名称、物理化学性质、质量标准及其主要用途。本装置和外部公用辅助装置的联系，包括原料、辅料的来源，水、电、气的供给，以及产品的去向等。

二是装置的构成、岗位的设置及主要操作程序。如一个装置分成几个工段，应按照工艺流程顺序列出每个工段的名称、作用及所管辖的范围。如己内酰胺装置由环己烷工段、己内酰胺工段及精制工段三个工段组成。按工段列出每个工段所属的岗位，以及每个岗位的所管范围、职责和岗位的分工；列出装置开停工程序及异常情况处理等内容。

三是工艺技术方面的主要内容。包括原料及辅助原料的性质和规格，反应机制及化学反应方程式，流程叙述、工艺流程图及设备一览表。工艺控制指标包括反应温度、反应压力、配料比、停留时间、回流比，以及每吨产品的物耗及能耗等。

四是环境保护方面的内容。列出"三废"的排放点及排放量及其组成；介绍"三废"处理措施，列出"三废"处理一览表。

五是安全生产原则及安全注意事项。应结合装置特点列出本装置安全生产有关规定、安全技术有关知识、安全生产注意事项等。对有毒有害装置及易燃易爆装置更应详细地列出有关安全及工业卫生方面的注意事项。

六是成品包装、运输及储存方面的规定。列出包装容器的规格、质量、包装、运输方式及产品储存等有关注意事项，批量采用的有关规定等。

上述六个方面的内容，可以根据装置的特点及产品的性能给予适当的简化和细化。

四、几种典型化工装置的结构

(一) 釜式反应器

釜式反应器是液液相反应或液固相反应最常用的一种反应器。它可以在较大的压力和温度范围内使用，适用于各种不同的生产规模，既可用于间歇操作，又可用于连续操作；既可一个反应器单独操作，又可多个反应器串并联操作。

釜式反应器的结构主要由釜体、换热装置及搅拌装置构成。釜体由圆筒体和上下封头组成，其高与直径比一般为 1～3 之间，加压操作时上下封头多为半球形或椭圆形；在常压操作时，多为平盖，为了方便放料，下底也可以做成锥形。釜式反应器的材质多采用普通碳钢，如果处理的物料有腐蚀性，则可用不锈钢或铸铁，也可在釜内壁喷涂四氟类有机涂料，或在釜内壁以搪瓷、橡胶、树脂等作为保护层。

(二) 列管式反应器

列管式反应器是由一根或多根管子串联或并联构成的反应器。反应器的长度与直径之比一般大于 50。列管式反应器的结构形式多样，最简单的是单根直管；也可是弯成各种形状的蛇管；当多根管子并联时，其形状与列管换热器相似，有利于传热。若在列管式反应器中装填催化剂，则可变为固定床反应器。

列管式反应器在上熔盐出口和下熔盐出口处设有一圈上环形通道和一圈下环形通道，在环形通道的内壁上设有一圈等宽、等间距但不等高的条形孔，孔的高度沿熔盐流向由高至低顺序排列。

列管式反应器的结构简单，耐高温、高压，传热面积可大可小，传热系数较高，流体流速较快，在管内停留时间短，便于分段控制温度和浓度。在反应器内任意一截面上反应物浓度和速率不随时间变化，仅沿管长变化。列管式反应器适用于大型化和连续化的化工生产。

(三) 固定床反应器

在塔式或管式反应器中装填一定的固体颗粒，当反应物料从填料层通过时，填料层静止不动，因此，称为固定床反应器。这类反应器具有结构简单、操作稳定、控制方便、转化率高等优点，是化工生产中普遍采用的一种反应器，最常用于气固催化反应。

反应物料以气相通过催化剂的床层，在催化剂表面进行化学反应，是典型的扩散—吸附—反应—解吸—扩散过程。反应可能是吸热反应，也可能是放热反应。如果在催化剂床层内有加热（或取热）设施，使整个床层的温度尽量保持稳定，称为恒温床；如果没有任何加热（或取热）措施，即没有反应器床层内外热量的交换，称为绝热床。

在工业上，当反应热效应较大时，常常采用多段绝热式反应器。即在圆筒体内放置几层栅板，每层栅板上都装有催化剂，层与层之间设置冷却（或加热）装置进行热交换，以保证每段床层的绝热温升。对于一个放热反应，反应过程所放出的热量假定完全用来提高系统内物料的温度，这个温度的提高称为"绝热温升"。各段间可以用热交换器与外界进行交换，也可以在各段之间用冷原料直接冷却各段反应后的气体。近代的大型合成氨反应器采用了中间冷激的多段绝热床形式。多段绝热反应器每一段的温度可以按最佳温度的需要进行调节，从而提高了催化反应的效率。它的缺点是装卸催化剂不方便，当床层很薄时易使沿床层轴向气体分布不均匀。

对于反应热效应大的工业生产过程，应用最广的还是在反应区直接进行热交换的反应器。

（四）流化床反应器

流化床所用的催化剂颗粒小、质量轻，它们在气流的作用下，床层始终处于激烈的搅动状态，因而气固间传热和传质速率快，床层温度均匀，便于实现连续化和自动化；设备生产强度大，操作条件平稳。流化床反应器也有它固有的缺点，如固体颗粒磨损大，损耗大；气固接触过程复杂，会接触不良，催化剂与气流沿轴向返混严重，大量已反应的物料与新鲜物料掺混，影响反应速率，降低选择性；而且流态化操作影响参数多，可调节范围窄，操作条件苛刻。

流化床的流态化现象经过三个阶段，即固定床阶段、流化床阶段及输送床阶段。当流体流速较低时，流体从静止颗粒间的空隙流动，固体颗粒之间不发生相对运动，犹如前述流体由上而下通过的固定床，因此称为固定床。当流体流速逐步增大时，床层变松，少量颗粒在一定的区间内振动或游动，床层高度稍有膨胀。当流速继续增大时，床层继续膨胀、增高，颗粒间空隙增大；当流体通过床层的压降大致等于单位面积上床层颗粒的重力时，颗粒悬浮在向上流动的流体中，床层开始流化。再将流体流速增大到一定值时，流化床的上界面消失，颗粒被流体夹带流出，这时则为颗粒的输送床阶段。

流化床一般由壳体、气体分布装置、内部构件、换热器、气固分离装置和固体颗粒的加卸料装置组成。圆筒形流化床反应器壳体由顶盖、筒体和底盖组成。筒体多为圆筒形，顶盖多为椭圆形，底盖可为圆锥形。壳体的上部是气固分离空间，中间是流化和反应的基本空间，最下部是气体分布空间，安装着气体分布装置。气体分布装置的作用是使进入床层的气体分布均匀，达到良好的起始流化条件，同时具有一定的强度以支撑床层中的固体颗粒。流出床的内部构件由挡网、挡板、垂直管及填充物等组成，主要用来改善床层中气固两相的接触，减少轴向返混，改善流化质量以提高反应效率。为了供给或移走热量，需要在床层外壳上或内部设置换热器，换热器分为管式和箱式两种。

关于其他一些非典型反应器的结构及各种反应器的具体操作在这里不一一赘述。

第三节 化工开发与生产装置建设

一、化工开发

(一) 化工开发的内容及意义

化工技术是一门研究物质和能量的传递与转化的技术科学。由于化工生产具有原料、产品、工艺、技术等多方面性的特征，源于科学技术，也蕴含经济的盈亏与对环境影响的优劣，从而使化学工业成为国民经济中最活跃、竞争性最强的行业之一。

1. 化工开发的内容

从广义上讲，化工开发是对某一产品进行全面的设计、研究、开发，以满足国民经济的需求；从狭义上讲，开发产品过程的每一个局部问题的处理都应是开发。化工开发必须以工艺先进、技术可靠、经济合理、保护环境为前提，如果对其他领域也有价值，则更有开发意义。

化工开发通常可分为实验室开发和工程开发两个阶段。

实验室开发也常称作基础研究，是在实验室里进行的初级阶段的研究开发工作。其围绕所确定的课题，对所收集到的工艺路线和技术方法进行充分的验证和比较，并了解过程的特征，测取必要的数据，对其工业化前景做出初步的预测和工业生产的设想。实验基础不牢固，往往导致实践的失败，因此，实验室开发是整个化工开发的重要组成部分。

工程开发是指从实验室取得一定的成果后，在其基础上进一步从工程的角度收集整理相关技术资料，进行概念设计及开发中的各种评价和基础设计。由于它涉及化工工艺、化学工程、化工装置、操作控制、环境保护、技术经济等各个领域，因此，它是一个综合性很强的工程技术。通过工程开发，实现科学技术向生产力的转化，是化工开发的最终目的。

2. 化工开发的意义

化学工业的迅速发展，使得它几乎涉及国民经济、国防建设、资源开发及人类衣食住行等各个方面，也将对解决人类所面临的人口、资源、能源及环境等可持续发展的重大问题起到十分重要的作用。因此，化工开发是推动整个人类科学技术进步不可或缺的一部分。

化工开发不仅促进了化工工业的发展，也带动了各行各业的进步，比如，无机肥料、农药的开发与应用，树脂合成技术的广泛开发等。精细化工的深层次开发、化工技术与生物技术的有机结合等，使化学工业进入一个崭新的时代，给世界带来丰富多彩的变化；同时，化工开发与环境保护也相辅相成。在日益受到重视的环保政策支持下，许多实现绿色生产的新材料、新技术相继开发成功。总之，化学工业是国家综合技术水平的标志之一，开发是化学工业的主旋律，是化学工业昌盛之本。

（二）化工开发的基本步骤

1. 在实验室研究的基础上提出设想流程

由于实验室研究阶段的资料和数据有限，因此，还要从工程的方向来收集相关的信息资料，查找所需的物理化学数据、经验公式，以及开发产品相关的市场信息，整理出一套完整可靠的技术资料；同时，还要对主要资料进行分析评价，作为过程开发的初步依据。在此基础上可提出设想的流程，进行全过程的物料衡算、能量衡算，估算生产工程的原料消耗等，并做出评价。根据评价可知流程的可行性，再决定是继续开发还是中断开发。

2. 中间试验

如果对设想流程的评价认为可以继续开发，就可以按评价分析拟订中间试验的方案和规模。中间试验一般不是做方法的比较，而是为了收集工业装置设计所需的数据。对于用计算机辅助开发的过程，中间试验更重要的工作是为了验证和修改数学模型。总之，中间试验是为工业装置的预设计提供可靠的依据。

3. 进行工业装置的预设计

设计内容应按工业设计中初步设计要求来进行，以工艺设计为主，如操作条件的选择、物料衡算、热量衡算，确定设备的工艺尺寸和结构，设备材料选择及安全生产、劳动保护、"三废"处理等，还要估算装置及其他费用，并提供预设文件，包括装置的平面布置图、带仪表控制点的工艺流程图及其说明书。

4. 建立第一套工业生产装置

其工作内容主要涉及工程设计、安装施工和开车试生产等工作，所以应由设计、施工及生产单位共同完成。过程开发者也应参与工作，以便从第一套工业生产装置的开车中总结经验教训。

值得注意的是，随着化学工业的飞速发展，化工工程开发正呈现出新的特点和趋势，主要表现在以下两方面：一是在满足技术上先进、经济上合理的同时，尽可能实现过程最优化；二是尽可能缩短从实验室成果向工业化生产过渡的周期，即实现将实验室成果最大限度地放大，直接用于工业化生产。精馏过程的放大就是最典型的例子。对于以上趋势，随着化学工程理论的完善和发展，化工数学模型的建立和电子计算机的广泛应用正在逐步实现和进一步发展。

二、化工生产装置的建设

（一）生产装置系统建设总则

化工厂由下述生产装置及设备构成：生产设备、公用工程设备、贮存设备、出入厂设备、废物处理设备、附属设备（办公室、实验室等）。

这些设备有机地组合在一起，成为一个系统发挥其整体的功能，建设总则如下：

一是原料供应、产品需求预测及销售预测应准确，同时应具有能适应上述各种变化的生产体系；

二是原料及产品的运输合理；

三是公用工程要利用该地区的特点；

四是通过几个生产设备的组合，发挥集中优化的效果；

五是通过生产设备、公用工程设备、贮存设备、出入厂设备的组合，发挥集中合理化的效果；

六是提高公用工程等共同部分的可靠性，以增强化工系统整体的可靠性。

（二）工艺路线选择

在化工生产中，同一产品有时可以用不同的原料加工而成；同一种原料经过不同的加工工艺，也可以得到不同的产品。原料路线、工艺路线和产品品种的多样性使得工艺路线的选择与设计方案的确定需要考虑多方面的因素。在选择化工产品的工艺路线时应考虑下面几个方面的问题：

1. 技术上可行，经济上合理

技术上可行是指通过文献调研与分析确定了合理的工艺路线，且项目建设投资后，能生产出产品，能源消耗水平低，质量指标、产量、运转的可靠性及安全性等既先进又符合国家标准。

经济上合理指生产的产品具有经济效益，这样工厂才能正常运转。为了国家需要和人民的利益，对有些特殊的产品，主要考虑其社会效益和环境效益，而对其经济效益考虑得相对较少。这种项目也需要建设，但只能占工厂建设的一定比例，是工厂可以承受的，不影响工厂整个生产。

2. 原料路线

原料是化工产品生产的基础，原料既直接影响到产品的合成工艺路线，又会带来有关原料的资源、贮存、运输、供应、价格、毒性、安全生产等一系列相关问题。采用不同的原料与规格直接影响到产物的生产能力、技术水平、质量、成本、反应条件、反应装置、资金的投入与回收等问题。

在化工产品的总成本中，原料费所占比例较大，国内一般占60%～70%，所以选择合理的原料路线十分重要。选择合理的原料路线一般需要考虑供需的可能性、原料符合技术要求、副产物的生成与分离的可行性、经济上合理、与时代的发展同步等问题；同时应考虑原辅料及产品价格等都将随着市场而变，在工艺路线选择中，对各类风险（包括技术风险、市场风险、自然灾害风险等）都应充分估计认识。

3. 环境保护

环境保护是建设化工厂必须重点审查的一项内容，化工厂容易产生"三废"，目前国内外对环境保护都十分重视，设计时应防止新建的化工厂对周围环境产生污染，给国家和人民造成重大的经济损失，并危害到身体健康。因此，应避免采用产生"三废"并污染严重的工艺路线，工厂排放物必须达到国家及地方的相应标准，符合环境保护的规定。

4. 公用工厂中的水源及电力供应

水源与电源是建厂的必要条件，在西北有些缺水的地区建设化工厂时，尤其要注意保证建厂后的正常生产用水。

5. 安全生产

安全生产是化工生产管理的重要内容。化学工业是一个易发生火灾和爆炸的行业，因此，应从设备、技术、管理上对安全予以保证，严格制定规章制度，对工作人员进行安全培训。同时，对有毒化工产品或化工生产中产生的有毒气体、液体或固体，应采取相应的措施避免外泄，达到安全生产的目的。

（三）可行性研究报告

工程项目的可行性研究是一项根据国民经济长期发展计划、地区发展规划和行业发展规划的要求，对拟建项目在技术、工程和经济上是否合理进行全面分析、系统论证，对方案进行比较和综合评价，为编制和审批计划任务书提供可靠的依据。

可行性研究报告由项目法人委托有资格的设计单位或工程咨询单位编制。可行性研究应能为投资者的投资决策提供依据，并且为设计总承包商或设计部门的"计划任务书"提供依据，一般来说，主要内容应有下列各项：

1. 概论（总论）

①项目提出的依据，本报告编制原则。

②项目背景、投资意义及预测效益。

③本报告所列项目的范围。

④可行性研究的过程和进度情况。

⑤可行性研究的结果，扼要叙述项目的技术指标、产品方案、规模、产品成本、利润、投资回收等。

⑥结论和存在的问题及相关建议。

2. 产品的市场研究分析

①产品的国内外需求现状与预测。

②产品销售预测、竞争前景和潜力分析。

③目前现有生产能力和产量销售概况。

④产品价格分析和价格走向预测。

⑤产品的生命力和产品更新前景预测。

3. 产品方案和生产规模

包括目标产品的年生产规模研究论证、生产规模和主要设备装置确定理由及副产品的基本组成等。

4. 原料消耗和供应方案

包括原料的质量规格说明、原料的消耗、燃料消耗、原料资源、供应厂家、运输情况、供应变更和潜力分析等。

5. 工艺流程和技术方案

①工艺路线说明和选择该工艺的理由。

②工艺流程说明，可用方块图表示。

③采用先进技术的先进性和可靠性说明。

④引进技术来源、推荐理由等。

⑤主要设备的选择和说明，设备的设计加工水平和可行性，引进设备的优缺点和国内外设备交货方案。

⑥生产车间的布置原则说明。

6. 建厂条件和厂址选择建设

①建设地点的自然、风土、地质、经济、人文、社会、交通等状况分析。

②厂址建议的具体地址。

③厂址征地和"三通一平"的工作量比较。

④其他可供选择的厂址及其对比分析，推荐选厂地址的简明理由，附厂区位置图和比较厂址方案图。

7. 总图运输、公用工程及土建工程

①化工厂界区的大体分布。

②工厂外部运输条件和内部运输条件。

③待建的铁路专用线、公路、站、桥、码头等。

④公用工程供应方案和配套设施。

⑤土建工程量、建筑面积概要。

⑥其他建厂的辅助设施。

⑦生活福利的设施。

⑧教育、文化、医疗、妇幼等相应的设施。

8. "三废"治理和环境保护措施

①项目生产中产生的"三废"情况和处理方案。

②"三废"治理的工艺流程和达到的目标。

③噪声污染、微波污染的控制等措施。

④综合利用、废弃物的转化方案。

⑤环境保护的综合评价。

9. 投资和综合评估

①投资估算说明。

②资金来源、资金筹措方式及利息计算等。

③产品成本和销售收入估计。

④财务评估分析报表，包括静态分析和动态分析。

⑤还贷、清偿能力分析。

⑥社会效益评价。

10. 结论

对本方案从生产技术、市场背景、经济效益、社会效益等多方面给出结论，肯定本方案的可行性。

第二章　无机化工工艺

第一节　无机化工及硫酸工业

一、无机化工

无机化工是无机化学工业的简称，是以天然资源和工业副产物为原料生产硫酸、硝酸、盐酸、磷酸、纯碱、烧碱、合成氨、化肥以及无机盐等化工产品的工业。无机化工包括硫酸工业、纯碱工业、氯碱工业、合成氨工业、化肥工业和无机盐工业，广义上也包括无机非金属材料和精细无机化学品如陶瓷、无机颜料等的生产。本章安排了硫酸工业、合成氨工业、磷酸盐工业、制碱工业四个部分，介绍硫酸、合成氨、尿素、磷酸盐、磷肥、纯碱、烧碱等的生产工艺，囊括了无机化工中硫酸工业、纯碱工业、氯碱工业、合成氨工业、化肥工业和无机盐工业的主要内容。

（一）无机化工的特点

得益于 18 世纪中叶开始的产业革命，无机化工是化学工业各分支中最早发展起来的。与其他化学工业分支相比，无机化工的特点如下：一是形成历史最久，对化学工业发展的贡献最大。最早的无机化工是从硫酸、纯碱等生产开始的，纯碱、硫酸生产以及其他早期无机化工生产过程中的技术发展，为单元操作的形成和发展奠定了基础。二是产品数量不多，但应用范围非常广。除无机盐品种较多外，其他无机化工产品品种不多。例如早期的无机化工产品主要就是"三酸两碱"，虽然品种很少，却是众多其他工业部门的基本原料，其中硫酸曾有"化学工业之母"之称，它的产量在一定程度上标志着一个国家工业的发达程度。三是无机化工产品产量大，设备投资大。无机化工产品，特别是其中的酸、碱、化肥产品，都是大宗化工产品，产量非常大。

（二）无机化工的原料

无机化工产品的主要原料如下：一是化工原料矿物；二是工业副产物和废物。此外，煤、石油、天然气以及空气、水等也是无机化工的主要原料。

矿产资源分为金属矿产、能源矿产和非金属矿产三大类，非金属矿产即指除了前两类矿产之外的所有矿产。世界上目前已开发利用的非金属矿产达 200 多种，其中包括 150 余种矿物和 50 余种岩石。中国已开采的非金属矿产约有 86 种，按其工业用途大致可分为以下六类：化学工业原料非金属矿产（简称化工原料矿产）、建筑材料非金属矿产、冶金辅助原料非金属矿产、轻工原料非金属矿产、电气及电子工业原料非金属矿产、宝石类及光学材料非金属矿产。

作为化学工业原料的非金属矿产，是含硫、钠、磷、钾、钙等的化学矿物。主要矿产有磷矿、硫铁矿、自然硫矿、钾盐矿、硼矿、芒硝矿、化工灰岩矿、白云石矿、天然碱矿、重晶石矿、明矾石矿、砷矿、钠硝石矿、膨润土矿、金红石矿、蛇纹石矿、橄榄石矿、天青石矿、萤石矿、伊利石矿、硅藻土矿、石膏矿等。

此外，很多工业部门的副产物和废物，也是无机化工的原料。例如：钢铁工业中炼焦生产过程的焦炉煤气，其中所含的氨可用硫酸加以回收制成硫酸铵；黄铜矿、方铅矿、闪锌矿的冶炼废气中的二氧化硫可用来生产硫酸等；磷肥厂的含氟废气可用来生产冰晶石、氢氟酸等。

（三）无机化工产品

无机化工主要产品多为用途广泛的基本化工原料，除无机盐品种繁多外，其他无机化工产品品种不多，与其他化工产品比较，无机化工产品的产量较大。

无机化工产品可以分为四大类：无机酸（"三酸"：盐酸、硝酸、硫酸）、无机碱（"两碱"：纯碱、烧碱）、无机盐、无机气体。无机盐产品按生产实践和习惯分成 22 类：钡化合物，硼化合物，溴化合物，碳酸盐，氯化物及氯酸盐，铬盐，氰化物，氟化合物，碘化合物，镁盐，锰盐，硝酸盐，磷化合物及磷酸盐，硅化合物及硅酸盐，硫化物及硫酸盐，铝、钛、钨、机、锆化合物，稀土元素化合物，过氧化物，氢氧化物，氧化物，单质，其他无机化合物。无机气体产品分为：工业气体，包括氢气、氧气、氮气、氨气、二氧化碳和氮氧化合物等；惰性气体，包括氯、氮、氖、氩和氯氮混合气体等。

无机化工产品是用途十分广泛的基本工业原料，属基础化工产品，用途广、需求量大。其用途涉及造纸、橡胶、塑料、农药、饲料添加剂、微量元素肥料、空间技术、采矿、采油、航海、高新技术领域中的信息产业、电子工业以及各种材料工业，又与日常生活中人们的衣、食、住、行以及轻工、环保、交通等息息相关。

二、硫酸工业

（一）硫酸的性质和用途

硫酸是三氧化硫（SO_3）和水（H_2O）的化合物。化学上把一分子 SO_3 与一分子 H_2O 相结合的物质称为无水硫酸，又称纯硫酸（100%的硫酸），密度为 $1.8269\ g \cdot cm^3$。工业上用的硫酸，则是指 SO_3 与 H_2O 以任何比例化合的物质。SO_3 与 H_2O 的物质的量之比小于 1 时，称为硫酸水溶液；SO_3 与 H_2O 的物质的量之比大于 1 时，称为发烟硫酸。发烟硫酸因其 SO_3 蒸气压较大，暴露在空气中能释放出 SO_3，易与空气中的水蒸气迅速结合并凝聚成白色酸雾而得名。

硫酸是最强的无机酸之一，不仅具有强酸的一切通性，还具有一些特性，如浓硫酸具有脱水、氧化、磺化等性质。

硫酸是重要的基本化工原料，在国民经济各个部门有着广泛用途。在农业中，磷肥、复肥的生产，除草剂等的制造需要硫酸；在工业中，炼焦时需要用硫酸回收焦炉气中的氨，钢材加工及其成品的酸洗需要硫酸，有色金属的冶炼也需要一定量的硫酸；在化学工业中，硫酸是生产硫酸盐和其他酸的原料，也是合成染料的原料；此外，在国防工业、原子能工业、火箭工业等行业中也需要用到硫酸。因此，在历史上硫酸曾有"化学工业之母"的美称。

（二）硫酸的生产

制取硫酸的原料，是指能够产生 SO_2 的含硫物质，主要有硫黄、硫化矿物、冶炼烟气、硫酸盐及含硫化氢的工业废气等。

硫黄是制取硫酸最早而又最理想的原料。天然硫存在于自然界的硫矿之中，呈晶体，有 α（正交）、β 及 γ（单斜）三种同素异形体。另外，还有聚合型（无定形）的硫。用硫黄制取硫酸的方法相对简单，制取的硫酸质量也较好。

硫铁矿是硫化铁矿物的总称，又称黄铁矿，硫铁矿按化学成分和特性不同又可分为普通硫铁矿、磁硫铁矿、含煤硫铁矿、高砷高氟硫铁矿、高铅高锌硫铁矿和高硫酸盐硫铁矿等。其主要成分为二硫化铁（FeS_2），理论含硫量为 53.46%（质量分数），含铁量为 46.54%（质量分数）。硫铁矿是制取硫酸的主要原料之一。此外，利用在有色金属冶炼、炼焦等过程中产生的含硫废气、废料也可作为生产硫酸的原料。

硫酸的制取方法分为亚硝基法和接触法两种。亚硝基法又分为铅室法和塔式法。亚硝基法最基本的特征是借助氮氧化物完成将 SO_2 氧化成酸的反应。目前制取硫酸主要是用接触法，接触法的基本原理是应用固体催化剂，以空气中的氧直接氧化 SO_2。其生产过程主要包括以下几个方面：一是原料气的制备；二是烟气的净化和干燥；三是 SO_2 氧化；四是 SO_3 的吸收；五是尾气回收和污水处理。

1. SO_2 烟气的制备

（1）硫铁矿焙烧

硫铁矿焙烧反应极为复杂，随着条件不同而得到不同的反应产物。其过程分为两步。

第一步是硫铁矿中的有效成分 FeS_2 受热分解成 FeS 和单体硫：

$$FeS_2 = FeS_{1+x} + \frac{1-x}{2}S_2 \qquad (2-1)$$

这一步是吸热反应，温度越高，对 FeS_2 分解反应越有利。实际上高于 400℃ 就开始分解，500℃ 时则较为显著。x 值随温度改变而变化，在 900℃ 左右时，$x=0$。

第二步是分解出的单体硫与空气燃烧，生成 SO_2：

$$S_2 + 2O_2 = 2SO_2 \qquad (2-2)$$

硫铁矿在释出硫黄后，剩下的硫化亚铁在氧分压为 3.04kPa 以上时，生成红棕色的 Fe_2O_3：

$$4FeS + 7O_2 = 2Fe_2O_3 + 4SO_2 \qquad (2-3)$$

当氧含量在 1%（质量分数）左右时，则生成棕黑色的 Fe_3O_4：

$$3FeS + 5O_2 = Fe_3O_4 + 3SO_2 \qquad (2-4)$$

在低温下（250℃ 以下），硫化亚铁与氧作用生成硫酸亚铁：

$$FeS + 2O_2 = FeSO_4 \qquad (2-5)$$

硫酸亚铁在高温下不稳定，按下式分解：

$$FeSO_4 = FeO + SO_3 \qquad (2-6)$$

综合以上各式，可得硫铁矿常规焙烧总的化学反应方程式为：

$$4FeS_2 + 11O_2 = 8SO_2 + 2Fe_2O_3 \qquad (2-7)$$

同时，还可得硫铁矿焙烧另一总的化学反应方程式为：

$$3FeS_2 + 8O_2 = 6SO_2 + Fe_3O_4 \qquad (2-8)$$

在工业生产中，为了保证硫分尽可能多地转变为 SO_2，而不生成或尽可能少地生成硫酸盐及 SO_3，反应都在高温（600~1000℃）下进行。

焙烧过程中还有许多副反应发生。如硫铁矿中所含铜、铅、锌、钴、镉、砷、硒等的硫化物，在焙烧后部分成为氧化物。另外，在焙烧过程中还会生成 HF。生产过程中的这些杂质对制酸过程是很有害的，特别是 AS_2O_3 和 HF。因而清除这些杂质是烟气净化的重要任务之一。

上述反应中硫与氧生成的 SO_2 及过量 O_2、空气带入的 N_2 和水蒸气等其他气体，统称为烟气，是制酸的原料气；铁与氧生成的氧化物及其他固态物质统称为炉渣（或烧渣）。

（2）硫铁矿焙烧工艺流程

矿料先由皮带输送机通过给料器加入，空气由鼓风机供给，矿渣回收热能后由增湿器增湿降温，用输送机排出。焙烧炉所产生的 SO_2 烟气从上部引出，先经废热锅炉除尘降温，再由旋风分离器和电除尘器除尘后进入烟气净化工序。

2. 烟气的净化和干燥

（1）烟气净化目的

无论是什么原料的 SO_2 烟气，都含有一些固态和气态的有害杂质，主要有 AS_2O_3、SeO_2、SO_3、H_2O（气态）、氟化物、矿尘等。烟气净化的目的就是尽可能除掉这些有害杂质，使气体在进入转化器之前得到净化。

（2）烟气净化的原则

①烟气中悬浮颗粒分布很广，大小相差很大，有的颗粒直径达 $1000\mu m$，有的直径在 $1\mu m$ 以下，在净化过程中应分级逐段进行分离，先大后小，先易后难。

②烟气中悬浮颗粒是以气、固、液三态存在的，质量相差很大，在净化过程中应按颗粒的轻重程度分别进行，要先固、液，后气体，先重后轻。

③对于不同粒径的颗粒，应选择适应的分离设备，以提高设备的分离效率。

（3）烟气净化原理

①烟气杂质在净化过程中的处理。在生产中，通常先将烟气中的矿尘分离掉。这是由于烟气杂质所含矿尘最多，而且矿尘的颗粒比较大，易于清除。

如果烟气中不含有或含有较少的砷、氟等杂质，同时成品酸能允许含有较多的砷、氟等杂质，则烟气可在高温和干燥条件下经过一系列的除尘设备（使所含矿尘量达到一定的指标）后直接进入转化器。这便是所谓的干法净化流程。

如果烟气中含砷、氟较多，则通常采用烟气湿法净化的流程。这种方法不需要预先分离掉矿尘，因为在洗涤 AS_2O_3 氟化物等杂质的同时，也能进一步除掉残存的矿尘。而在洗涤时，烟气温度骤然下降，SO_3 便会与水蒸气结合生成硫酸蒸气并形成酸雾。AS_2O_3 和 SeO_2 也会在洗涤时因突然冷却分离，绝大部分被洗掉，剩余微量的 AS_2O_3 和 SeO_2 以微小晶体颗粒形态悬浮于烟气中。烟气中的 HF 在洗涤过程中因特别容易溶于水而被除去。

②酸雾的产生和清除。在烟气净化过程中，由于烟气被洗涤冷却，大量的水蒸气进入气相，与烟气中的 SO_3 发生反应，生成硫酸蒸气：

$$SO_3（g）+H_2O（g）\Longleftrightarrow H_2SO_4（g） \qquad (2-9)$$

气体温度降低到 $100\sim200℃$ 时，SO_3 已基本形成了硫酸蒸气。当气相中的硫酸蒸气分压大于洗涤液表面的饱和蒸气压时，硫酸蒸气就会冷凝。

初形成的酸雾，雾粒较小，粒径一般在 $0.05\mu m$ 以下，但存在凝结中心（如杂质微粒）时，生成的雾粒就较大。由于气体中悬浮有各种气溶胶粒子（尘、固态砷、硒氧化物等），硫酸蒸气就在它们表面发生冷凝，形成直径较大的雾粒。

较大的雾粒可以用各种洗涤器和电除雾器等清除，其中以电除雾器为主。但对于粒径小于 $2\mu m$ 的雾粒，用电除雾器的效果也不太好，可通过对烟气增湿，使其直径增大，再用电除雾器除之。

根据烟气净化的原理，烟气湿法净化的基本方法有以下两种：

一是利用烟气通过液体层，或用液体来喷洒气体，使烟气中的杂质得到分离，即液体洗涤法，主要设备有净化洗涤塔。

二是利用烟气通过高压电场，使悬浮杂质荷电并移向沉淀极而被移除，即电离法净化气体，主要设备有电除雾器。

（4）烟气净化的工艺流程

烟气湿法净化流程可分为酸洗净化流程和水洗净化流程。由于水洗净化流程的污水量大，后续处理困难，现在一般都采用酸洗净化流程。酸洗净化流程由于净化设备的组合不同，又可分为多种流程。

（5）烟气的干燥

通常 SO_2 中的水蒸气对机催化剂是没有危害的，但水蒸气会与转化后的 SO_3 形成酸雾且很难被吸收，并会污染大气。同时酸雾会造成管道、设备的腐蚀，也会损坏催化剂。因此，进入转化工序前，气体必须进行干燥。工业上利用浓硫酸的吸水性能，使用浓硫酸来作为干燥气体的吸收剂。用高浓度的硫酸来喷淋干燥塔，可使原料气干燥后在标准状况下的水分质量浓度小于 $0.1\ g\cdot m^{-3}$。

气体的干燥原理，可以用"双膜理论"来解释。"双膜理论"就是在气、液两相接触时，存在界面，界面两边又分别存在一层稳定的气膜和液膜，质量和热量的传递必须克服气膜和液膜的阻力后才可进行。气体干燥过程中，气体中的水蒸气通过气相主体以对流的形式扩散到气膜，然后以分子扩散的形式通过液膜，再以对流扩散的形式传递到液相主体，从而使气体得以干燥。

在同一温度下，硫酸的浓度越高，硫酸液面的水蒸气平衡分压越小，干燥效果越好。但浓硫酸的浓度与酸雾的生成有关，干燥塔喷淋酸的浓度越高，硫酸蒸气的平衡分压越高，就越容易生成酸雾；此外，SO_2 在 85%（质量分数）H_2SO_4 中的溶解度最低。在质量分数大于85% 的 H_2SO_4 中，SO_2 溶解度随硫酸浓度升高而增加，随同成品酸带出的 SO_2 损失也增大。

在工业生产中，干燥用硫酸的质量分数一般为93%～95%。质量分数为93%和95%的硫酸的结晶温度分别为-27℃和-22.5℃，尤其宜于在严寒地区生产、储存和运输。

（6）烟气干燥的工艺流程

经净化除去杂质后的 SO_2 烟气，从底部进入干燥塔，与塔顶喷淋下来的浓硫酸在填料中逆流接触，气相中的水分被硫酸吸收后，经捕沫器除去气体夹带的酸沫后，再进入转化工序。

出干燥塔的硫酸，因吸收水分而温度升高、硫酸浓度下降，所以，在流入循环槽后先加入从吸收塔串入质量分数为98%的浓硫酸以提高浓度，再由泵打进酸冷却器降温后送到干燥塔，同时，一部分质量分数为93%硫酸送往吸收工序。

3. SO_2 的转化

已除去杂质和水分的烟气，将进入 SO_2 转化系统（催化氧化系统）。此时烟气的组成（体积分数）为5%～12%的 SO_2、10%～13%的 O_2 和一些 N_2。转化系统的任务就是使 SO_2 和 O_2 反应生成 SO_3，此过程在工业上称为 SO_2 的转化。

（1） SO_2 的转化原理

SO_2 转化成 SO_3 的反应为：

$$SO_2 + \frac{1}{2}O_2 \Longrightarrow SO_3 \tag{2-10}$$

SO_2 转化反应是一个可逆反应。在 SO_2 转化反应中，同时进行着 SO_2 的氧化反应和 SO_3 的分解反应，当两个反应的速率相等时，反应达到化学平衡状态。此时，气体成分保持相对稳定，SO_2、O_2、SO_3 的体积分数不再发生变化。

转化率是反映 SO_2 转化程度的一个重要指标。SO_2 转化率的定义是：某一瞬间，参加反应的混合气体中，SO_3 分压与 SO_3、SO_2 两者分压之和的比值。其表达式为：

$$x = p_{SO_3} / (p_{SO_2} + p_{SO_3}) \tag{2-11}$$

式中：x 为转化率，单位为%；$p\,SO_2$、$p\,SO_3$ 分别为反应混合气体中 SO_2、SO_3 分压，单位为 kPa。

反应达到平衡时的转化率称为平衡转化率，它是在反应条件一定时所能达到的最高转化率。平衡转化率越高，则实际可能达到的转化率也越高。其表达式为：

$$x_t = (p_{SO_3})_t / [(p_{SO_2})_t + (p_{SO_3})_t] \tag{2-12}$$

式中：x_t 为平衡转化率，单位为%；$(p_{SO_2})_t$、$(p_{SO_3})_t$ 分别为反应平衡时，混合气体中 SO_2、SO_3 分压，单位为 kPa。

（2）转化工艺操作条件和工艺流程

SO_2 的氧化反应是一个放热反应，所放出的热量能使反应气体、催化剂和转化设备的温度升高，如不及时将多余的反应热移走，就会对催化剂和转化设备造成危害，也会影响转化率。

现在普遍使用的降低温度的方法是间断绝热反应、间断降温。让烟气在不移走热量的条件下，通过一段反应后升高温度，然后换热冷却或直接掺入冷烟气（或冷的干燥空气）降温，再反应一段再降温。这样连续几段下去，反应段的温度范围越降越低，最后达到较高的转化率。这样做，从反应段局部来看是升温，但从整个反应过程总体看则是按最适宜温度的要求逐步把反应温度降下来。

段数增多，不但可以达到更高的最终转化率，而且温度与转化率的变化更接近最适宜温度曲线，催化剂的利用率也就更高。

理论上当段数无限增多时，反应过程的变化就会沿最适宜温度曲线进行。不过，转化器段数的增多，必然使设备和管路变得复杂，阻力增大，操作不易控制。现在，大多采用四段或五段转化器。转化流程根据转化反应后换热或降温方式的不同而分为两大类。

第一类：利用冷烟气或冷干燥空气直接掺入转化气降温，称为直接降温式转化或冷激式转化。其中用冷烟气掺入降温的称为"烟气冷激式"转化，用空气掺入降温的称为"空气冷激式"转化。采用冷烟气降温，由于省去换热器，能减少投资，这是它突出的优点。但同时也因原料气的加入，使得最终转化率下降，要维持相同的转化率，就必须增加更多的催化剂。因此，在工业上采用原料气冷激转化时，只是在一、二段之间采用冷激换热方式，而在后几段仍采用间接换热方式。这样既可以省去一、二段之间的换热器，又不会增加太多的催化剂用量。

第二类：利用热的转化气与冷的烟气进行热交换，达到既冷却转化气又加热烟气的目的，这类流程通称为间接换热式转化。转化流程中，各段催化剂间的热交换器装在转化器内的称为器内中间换热式转化；装在转化器外的称为器外中间换热式转化。

4.SO_3 的吸收

(1) SO_3 的吸收原理

在生产硫酸的吸收工序中，存在物理吸收和化学吸收两种过程，习惯上统称为 SO_3 的吸收。SO_3 的吸收是接触法制造硫酸的最后一道工序。SO_3 是按下列反应进行的：

$$nSO_3 + H_2O \ (1) = H_2SO_4 + (n-1) \ SO_3 \tag{2-13}$$

一般把被吸收的 SO_3 的量和原来气体中 SO_3 的总量之百分比称为 SO_3 的吸收率：

$$n = \frac{a-b}{a} \times 100\% \tag{2-14}$$

式中：n 为吸收率，单位为%；a 为进吸收塔的 SO_3 的量，单位为 mol；b 为出吸收塔的

SO_3 的量，单位为 mol。

对于两转两吸工艺流程，正常生产时其吸收率在 99.95% 以上。

用浓硫酸吸收 SO_3 时，要求吸收完全，且不产生酸雾，这就要求所用吸收酸液面上 SO_3 与水蒸气的分压尽可能低。从硫酸的性质可以看出质量分数为 98.3% 时的硫酸兼有上述特点。液面上，SO_3 和水蒸气平衡分压都很低，几乎为零。用质量分数为 98.3% 的硫酸做吸收剂，基本上不产生酸雾，吸收率也可以达到 99.95% 以上。

（2）SO_3 的吸收工艺流程

SO_3 的吸收工艺流程分为泵前冷却流程和泵后冷却流程。根据串酸方式的不同，泵前冷却流程又可分为酸先冷却后再串酸流程和先串酸混酸后再冷却流程；泵后冷却流程也可分为酸先冷却后再串酸流程和先串酸混酸后再经泵送去冷却的流程。

①泵前冷却流程

泵前冷却流程即酸冷却器位于塔与循环槽之间、泵的入口之前。由于酸冷却器中的酸是借重力流动克服阻力，这类流程只适用于阻力小的酸冷却器（如排管冷却器），而难以采用流速高、传热系数大、阻力大的板式或管壳式酸冷却器。由于需要依靠液位差克服管道、阀门、酸冷却器的阻力，因此，吸收塔要放在较高的平台上。

②泵后冷却流程

泵后冷却流程中酸冷却器位于泵和塔之间、泵出口之后。酸冷却器是加压操作。此流程适合采用板式换热器和管壳式酸冷却器。由于酸流速提高，可增大传热系数，从而节省传热面积。

5. 硫酸生产中的"三废"处理与综合利用

硫酸生产过程中排放的污染物，主要是含 SO_2 和酸雾的尾气、有毒酸性废液和废水、固体烧渣和酸泥等。这些物质直接排放，无疑会污染环境，必须加以处理与利用。

（1）尾气处理

从硫酸厂出来的尾气主要有 SO_2 和酸雾，对其处理一般有干法和湿法两种。干法即采用硅胶、活性炭等固体吸附剂进行吸附，而吸附剂用空气或蒸气解吸再生；湿法是以碱性物质，如氨水、氢氧化钠、碳酸钠水溶液或石灰乳做吸收剂，吸收尾气中的 SO_2。

（2）矿渣处理

硫铁矿焙烧会产生大量的矿渣，若是高品位硫铁矿的矿渣，其含铁量较高，可直接作为炼铁原料；但中、低品位硫铁矿的烧渣，其含铁量较低，有害杂质含量较高，若用于炼铁原料须首先进行磁选等预处理。另外，还可以用烧渣制取铁系化工产品，如三氯化铁、硫酸亚铁、铁红等。若硫铁矿中有色金属的浓度较高时，也可进行硫酸化焙烧或氯化焙烧，先回收大部分的有色金属，然后进行炼铁。

（3）废液处理

硫酸工业的废液处理，目前比较成熟的是化学沉淀法，即加入碱性物质，使污酸中所含的砷、氟及硫酸根等形成难溶物质，通过沉淀单元操作，将对环境有害的物质及固体矿尘分离出来。常用的有石灰中和法及其衍生的石灰-铁盐法、石灰-磷酸盐法、石灰-软锰矿法、氧化法和硫化法，以及物理处理法，包括吸附、离子交换法。但针对工业上不同的硫酸污水，工艺流程也有差别，主要依据污水中砷的含量来确定。如低砷污水，可采用石灰中和法，一次中和沉降即可；对于高砷污水，一般采用石灰-铁盐法，即在碱性条件下再加入铁离子，通过控制适当的铁砷比及 pH 值，使酸性废水中的砷达到排放要求。

第二节　合成氨工业及磷酸盐工业

一、合成氨工业

氨是化学肥料工业和有机原料工业的主要原料。

自 1754 年发现氨后，从氨的实验研究到合成氨的工业生产，经历了 150 多年。20 世纪初，德国物理化学家哈伯（Haber F.）成功地采用化学合成的方法，将氢气和氮气通过催化剂的作用，在高温高压下制取氨。哈伯也因此获得 1918 年的诺贝尔化学奖。这种直接合成氨的方法称为哈伯-博施法，直接合成的产物称为"合成氨"。

（一）氨的性质和用途

1. 氨的性质

氨分子式为 NH_3，在常温常压下为无色气体，比空气轻，具有特殊的刺激性气味，较易液化。在 25℃、1MPa 时，气态氨可液化为无色的液氨。

氨气易溶于水，溶解时放出大量的热，可生成质量分数为 15%～30% 的氨水（呈碱性、易挥发）。

液氨或干燥的氨气对大部分物质不腐蚀，但有水存在时，对铜、银、锌等金属有腐蚀作用。

氨是一种可燃性气体，自燃点为 630℃，一般较难自燃。

氨常温下较稳定，在高温、电火花或紫外光作用下可分解为氮和氢。氨可与一些无机酸（如硫酸、硝酸、磷酸等）反应，生成硫酸铵、硝酸铵、磷酸铵等，也可与水和 CO_2 反应生成碳酸氢铵。

2. 氨的用途

合成氨工业在国民经济中有着重要的地位，现在约有 80% 的氨用来制造化肥，例如硝酸铵、磷酸铵、硫酸铵、碳酸氢铵、氯化铵、氨水以及各种含氮的复合肥等。

氨也可用来制造炸药、化学纤维（如锦纶、腈纶等）和塑料（如聚酰胺等）；氨还可以用作空调或冷藏系统的制冷剂；在冶金工业中，氨可用来提炼矿石中的铜、镍等金属；在医药工业中，氨可用来生产磺胺类药物等。

（二）合成氨的生产

合成氨的生产包括原料气的制取、原料气的净化、氨的合成等过程。

1. 合成氨原料气的制取

合成氨原料气主要来源于固体燃料和气态烃。

（1）固体燃料气化法

工业上用气化剂对煤或焦炭进行热加工，将碳转化为可燃性气体的过程，称为固体燃料的气化。如以水蒸气为气化剂，其气体产物称为水煤气，水煤气中 H_2 与 CO 的含量（摩尔分数，下同）高达 85%，N_2 含量低，热值高；如以空气为气化剂，其气体产物称为空气煤气，空气煤气中可燃气体含量较低，N_2 含量高（约 50%），常作为工业燃料。

对合成氨工业而言，固体燃料气化的目的是制备合成氨原料气。除了要求气化产物中 H_2 和 CO 含量较高外，还要求其中 n_{CO+H_2}/n_{N_2} 应为 3.1～3.2，经 CO 变换等过程后，可得 $n_{H_2}/n_{N_2} \approx 3$ 的合成氨原料气。这种以空气和水蒸气为气化剂，满足上述要求的气化产物称为半水煤气。

①固体燃料气化过程的原理

以煤为例，煤的气化过程包括煤的干燥、煤的热解和煤气化反应三个阶段。

a. 煤的干燥。即除去煤中的游离态水、吸附态水。

b. 煤的热解。此过程非常复杂，可表示为：

$$煤 \rightarrow CH_4 + CO_2 + CO + H_2 + H_2O + 气态烃 + 焦油 + 焦炭 \tag{2-15}$$

产物中的焦油和气态烃还可进一步裂解或反应生成气态产物，如：

$$气态烃 + 焦油 \rightarrow CH_4 + CO_2 + CO + H_2 + H_2O + C \tag{2-16}$$

故煤的热解过程与煤在隔绝空气或惰性气体中所进行的干馏过程相似。

c. 煤气化反应

当气化剂为空气或富氧空气时，碳与氧之间的反应为：

$$C + O_2 = CO_2 + Q$$

$$C + \frac{1}{2}O_2 = CO + Q$$

$$C + CO_2 = 2CO + Q$$

$$CO + \frac{1}{2}O_2 = CO_2 - Q \qquad (2-17)$$

当气化剂为水蒸气时，碳与水蒸气的反应为：

$$C + H_2O\ (g) = CO + H_2 - Q$$

$$C + 2H_2O\ (g) = CO_2 + 2H_2 - Q$$

$$CO + H_2O\ (g) = CO_2 + H_2 + Q$$

$$C + 2H_2 = CH_4 + Q \qquad (2-18)$$

制半水煤气时，如果控制空气与水蒸气的比例，使碳与空气反应放出的热量等于碳与水蒸气反应所需的热量，则制气过程可以维持自热运行，但产生的气体组成难以满足要求；反之，在满足气体组成要求时，系统将不能维持自热运行。通过热量衡算可知空气与水蒸气同时进行气化反应时，如不提供外部热源，则气化产物中 H_2 和 CO 的含量将远不能满足合成氨原料气的要求。

②煤气化的工业方法

为解决气体组成与热量平衡的矛盾，可采用下列方法供热：

a. 富氧空气气化法。用富氧空气 CO_2 的摩尔分数在 50% 左右，或纯氧和水蒸气作为气化剂同时进行煤气化反应，以调整煤气中氮的含量。由于富氧空气中含氮量较少，故在保证系统自热运行的同时，也可满足合成氨原料气的要求。此法的关键是要有较廉价的富氧空气来源。

b. 蓄热法（间歇气化法）。将空气和水蒸气交替送入煤层。其过程大致是：先通入空气使煤层燃烧以提高煤层温度并蓄热，生成的气体（吹风气）经热量回收后大部分放空；再通入水蒸气进行煤气化反应，此时反应吸热，煤层温度逐渐下降，所得水煤气中混入部分吹风气即成半水煤气；然后再通入空气提高煤层温度、通入水蒸气进行气化反应，如此重复交替进行。

通常，工业上的间歇式气化过程，是在固定层煤气化炉中进行的，如 UGI 煤气化炉是在移动床吹风时使煤层蓄热的。使用 UGI 煤气化炉时，须固体排渣，并采用稳定性较好的无烟煤和焦炭，且将其压制成煤球或煤棒。因间歇操作，UGI 煤气化炉生产能力低，且炉中齿轮转动部件磨损严重，底盘易结疤，生产管理难度大。

另外，工业上典型的煤气化炉还有鲁奇炉、温克勒炉、德士克炉等。

③间歇式制取半水煤气的工艺流程

间歇式制取半水煤气的工艺流程中一般包括煤气化炉、热量回收装置，以及煤气的除尘、降温、储存等设备。由于间歇式制气，且吹风气要经烟囱放空，故备有两套管线，切换使用。

蒸气上吹制气时，煤气经燃烧室及废热锅炉回收余热后，再由洗气箱经洗涤塔进入气柜。蒸气下吹制气时，蒸气从燃烧室顶部进入，自上而下流经燃料层预热，由于所得的煤气温度较低，可直接由洗气箱经洗涤塔进入气柜。

二次上吹制气与空气吹净时，气体均自下而上通过燃料层。煤气的流向则与一次上吹相同，即经过燃烧室、废热锅炉、洗气箱及洗涤塔后进入气柜，燃烧室无须加入二次空气。

（2）气态烃蒸气转化法

气态烃蒸气转化法始于 1930 年，是目前大型合成氨装置应用最广的合成氨原料气生产工艺。

①气态烃蒸气转化反应的特点

工业上用作此类反应的气态烃有天然气、油田伴生气、焦炉气及石油炼厂气等。上述气体中，除主要成分甲烷（CH_4）以外，还有一些其他烷烃，有的甚至还有少量烯烃，均可用 C_nH_m 表示，在高温下与水蒸气反应生成以 H_2 和 CO 为主要成分的原料气，即

$$C_nH_m + nH_2O \ (g) = nCO + \left(n + \frac{m}{2}\right)H_2 \tag{2-19}$$

但在工业条件下，不论上述何种气态烃原料与水蒸气反应都须经过甲烷这一阶段。因此，气态烃的蒸气转化可用甲烷蒸气转化反应表示，反应式为：

$$CH_4 + H_2O = CO + 3H_2 \tag{2-20}$$

$$CH_4 + 2H_2O = CO_2 + 4H_2 \tag{2-21}$$

反应的产物为含 H_2、CO、CO_2 和未反应完的 CH_4、H_2O 的混合气。为满足合成氨原料气组成的要求，可在反应系统中加入空气参与反应。甲烷蒸气转化反应有以下主要特点：

a. 总反应为强吸热且体积增大的可逆反应。提高温度、增加水蒸气的配入量，可提高甲烷的平衡转化率，而增大压力则降低甲烷的平衡转化率。即从化学平衡来看，反应宜在高温、低压及过量水蒸气存在时进行。

b. 实际生产中，甲烷蒸气转化过程一般都是在加压条件下进行的，压力最高可达 5MPa。加压虽然降低了甲烷的平衡转化率，却可以节省动力消耗。此外，加压转化还可

以经 CO_2 变换冷却后回收原料气中大量的余热，以提高过量蒸气余热的利用价值，并减少原料气制备与净化系统的设备投资。

c. 工业上气态烃蒸气转化反应须在催化剂作用下进行，属气-固相催化反应。催化剂不仅提高了反应速率，而且抑制了副反应的发生。常用催化剂的活性组分是金属镍，使用前呈 NiO 状态。使用催化剂时，先用甲烷-水蒸气混合气在 600～800℃对其进行还原，使催化剂中的 NiO 变成具有催化作用的金属镍。催化剂中的镍含量（质量分数）为 4%～30%，镍含量越大，催化剂活性越高。助催化剂有 Cr_2O_3、Al_2O_3 和 TiO_2 等。催化剂以 Al_2O_3 或耐高温的材料为载体，做成环状、球状或各种特殊形状（如多孔形、车轮形等）。该类催化剂的主要毒物是多种硫化物，卤素、砷等对催化剂也有毒害作用。故生产中要求原料中的硫含量低于 $0.5×10^{-6}$。

d. 在气态烃蒸气转化过程中，催化剂表面会因下列反应而有炭黑析出：

$$CH_4 = C + 2H_2 \tag{2-22}$$

$$2CO = C + CO_2 \tag{2-23}$$

$$CO + H_2 = C + H_2O \tag{2-24}$$

炭黑会堵塞催化剂微孔，使甲烷转化率下降。炭黑还可造成反应器的堵塞，增加床层阻力，影响传热，甚至使正常生产无法进行。故防止反应过程析炭是操作中的重要问题。通常采取的措施是确定恰当的水碳比（水和碳的物质的量之比，下同），选用适宜的催化剂（从动力学角度讲，高活性催化剂不存在析炭现象），选择合适的操作条件等。可通过观察管壁颜色（如热斑、热带等）或由转化管压降来判断是否析炭。当析炭较轻时，可通过降压、减量或提高水碳比的方法去除炭黑；当析炭较重时，则用蒸气去除炭黑。

②天然气转化工艺流程

合成氨生产中一般都采用二段转化法。烃类作为制氨原料，要求尽可能转化完全，同时，甲烷在氨的合成中为惰性气体，它会在合成回路中逐渐积累，有害无益。因此，一般要求转化气中残余甲烷要小于 0.5%（干基）。为了达到这项指标，在加压条件下，相应的反应温度须在 1000℃以上。对于吸热的烃类转化反应，除了采取类似于固体燃料的间歇式气化转化外，目前合成氨厂也采用外热式的连续催化转化法。由于目前耐热合金管还只能在 800～900℃下运行，考虑到制氨不仅要有氢，而且还要有氮，故工业上采用分二段进行的工艺流程。

首先，在较低温度下的一段炉的外热式转化管中进行反应；其次，在较高温度下的有耐火砖衬里的二段炉中加入空气继续进行反应。一般情况下，一、二段转化气中残余甲烷的摩尔分数分别按 10%和 0.5%设计。

天然气转化的典型流程，即日产 1000 t 的凯洛格（Kellogg）流程。一段转化炉分为两部分：前部分设有转化管，主要依靠高温燃烧气体对转化管进行辐射传热，称为"辐射段"；后部分设有多个预热器，用辐射段排出的高温烟道气加热各种原料气，主要依靠流体的对流传热，故称为"对流段"。原料气经脱硫后，在 3.6 MPa，380℃左右的条件下配入中压蒸气达到一定的水碳比（约为 3.5），进入对流段加热到 500～520℃，再进入辐射段顶部后分配至各反应管中，气体自上而下流经催化剂床层，边吸热边反应。离开反应管底部的转化气温度为 800～820℃，压力为 3.1MPa，甲烷含量约为 9.5%。各反应管的转化气汇合于集气管后，沿上升管流动送往二段转化炉。

二段转化炉为立式的钢制圆筒，内衬耐火材料，外有水夹套防止外壳超温，是合成氨厂中温度最高的设备。镍催化剂装入其中。一段转化气和经预热并压缩的空气（配入少量水蒸气）分别进入二段炉顶部，在顶部燃烧区迅速燃烧使气体温度升至 1200℃，然后进入催化剂床层继续吸热反应。离开二段转化炉的气体温度约 1000℃，压力为 3 MPa，二段转化气经废热锅炉回收热量后，温度降至 370℃左右，再送往变换工序。废热锅炉和辅助锅炉可产生 10.5 MPa 的高压蒸气。

燃料天然气从辐射段顶部烧嘴喷入并燃烧，烟道气自上而下流动，与管内的气体流向一致。离开辐射段的烟道气温度在 1000℃以上。进入对流段后，依次通过混合气、空气、水蒸气、原料天然气、锅炉给水和燃料天然气等各个盘管，温度降到 250℃，再用排风机排空。

2. 合成氨原料气的净化

各种制取的合成氨原料气中都含一定量的硫和碳的氧化物，这将会影响合成氨生产过程中的催化反应，故必须进行脱除净化。合成氨原料气的净化主要包括脱硫、脱碳和最终净化等工序。

对于以气态烃蒸气转化法生产的原料气，净化的第一步是脱硫，以保护转化催化剂；而对于以重油和煤为原料生产的原料气，应考虑 CO 变换是否采用耐硫催化剂而确定脱硫工段的位置。

（1）合成氨原料气的脱硫

合成氨原料气中的硫化物分为无机硫和有机硫两类。无机硫为硫化氢（H_2S），是煤中铁的硫化物在造气过程中生成的。有机硫的种类较多，半水煤气中以硫氧化碳（COS）为主，另外还有二硫化碳（CS_2）、多种硫醇（RSH）、噻吩（C_4H_4S）、硫醚（RSR）等。天然气中噻吩的含量较少。煤气中无机硫含量占硫化物总量的 90%～95%，其余的为有机硫。

合成氨原料气中的硫化物含量和原料中的含硫量有关，一般较低，介于 1.0～4.0g·m^{-3}。

工业上合成氨原料气的脱硫方法较多，按脱硫剂的物理状态来分，有干法脱硫与湿法脱硫两大类。

干法脱硫是将气体通过装有固体脱硫剂的反应器而脱除硫化物的方法，该方法脱硫较为彻底，可将硫化物脱至 $0.1\sim0.5cm^3\cdot m^{-3}$。但设备庞大，脱硫剂的更换比较麻烦，再生能耗大，仅适用于处理含硫量低的气体。但目前大型工业生产对脱硫的精度要求越来越高，干法脱硫也有了更广泛的应用。

湿法脱硫是在塔设备中用液体脱硫剂吸收气体中的硫化物的方法。该方法吸收（或化学吸收）速率快，硫容量大，但因受相平衡或化学反应平衡的约束，脱硫精度不高。该方法适于气体含硫高而对净化度要求不太高且气体处理量较大的场合；其脱硫液再生简便，可循环使用，还可副产硫黄。湿法脱硫还可分为物理法、化学法和物理化学法。

（2）CO 的变换

CO 是氨合成反应的毒物，在原料气中含量为 $12\%\sim40\%$。通常先通过 CO 变换反应，反应式为：

$$CO+H_2O\ (g)\ =CO_2+H_2 \tag{2-25}$$

CO 转化为较易被清除的 CO_2，同时获得 H_2。因而 CO 变换反应既是气体的净化过程，又是原料气制取过程的延续。最后，少量的 CO 再通过其他净化法加以脱除。

CO 变换反应过程的工艺条件如下：

①CO 变换反应为等物质的量的可逆放热反应，工业上须借助催化剂进行，属气-固相催化反应。CO 变换反应过程与硫酸生产中 SO_2 催化氧化过程具有许多相似之处，存在最适宜温度线，为了尽量接近最佳温度线，工业上采用多段冷却，即变换反应是在多段催化床中进行的，段间可采用间壁冷却，也可用水或水蒸气直接冷激。低温变换的温度改变很小，催化剂不必分段。

②由化学反应式可知，操作压力对化学平衡无影响。但工业上一般是加压变换，因为从动力学角度，加压可提高反应速率，减少催化剂用量。

③变换反应过程可分为中（高）温变换和低温变换。早期催化剂以 Fe_2O_3 为主体，Cr_2O_3、MgO 等为助催化剂，操作温度为 $350\sim550℃$。由于反应温度较高，受化学平衡的限制，出口气体中尚含 3% 左右的 CO。之后又开发出在较低温度下具有良好活性的钴钼系耐硫变换催化剂，以 CuO 为主体，ZnO、Cr_2O_3 等为助催化剂，操作温度为 $180\sim280℃$，可使出口气体的 CO 含量降至 0.3% 左右。20 世纪 80 年代之后，国外又研制出适合低气量的铁-铬改进型高变催化剂，国内也成功开发出耐硫的宽温变换催化剂，并已在许多中小型合成氨装置上使用。

④水蒸气过量。为了尽可能地提高 CO 的平衡变换率，降低 CO 残余含量，并防止副反应的发生，工业上 CO 变换反应是在水蒸气过量下进行的。另外，还可以保证催化剂中

活性组分 Fe_2O_3 的稳定，不致被还原。过量水蒸气还起到载热体的作用，改变其用量，可有效调节床层温度。因此，应该充分利用变换的反应热，直接回收水蒸气，以降低水蒸气消耗。但水蒸气用量是 CO 变换过程最大的能耗指标，$n_{H_2O} : n_{CO}$ 过高，会造成催化剂床层阻力增加，CO 停留时间短，加重热量回收设备的负荷。所以，应合理地确定 CO 最终变换率以及催化剂床层的段数，保持良好的段间冷却效果，减少水蒸气消耗。中（高）变水蒸气比例（ $n_{H_2O} : n_{CO}$ ，或称汽气比）一般为 3～5。

（3）CO_2 的脱除

经 CO 变换后，变换气中 CO_2 含量增加，可达 18%～32%。CO_2 是合成氨催化剂的毒物，必须将 CO_2 脱除，合成氨工业中称为"脱碳"。但 CO_2 又是制取尿素、纯碱和碳酸氢铵等产品的原料，故脱除的 CO_2 大多加以回收利用，或在脱碳的同时，生成含碳的产品，即脱碳与回收过程结合在一起。

工业上脱碳方法很多，一般采用溶液吸收法。根据吸收剂性能的差异，分为以下三大类：

①物理吸收法：利用 CO_2 能溶于水或有机溶剂这一性质完成。吸收 CO_2 后的溶液（称为"富液"）可用减压闪蒸进行解吸。

②化学吸收法：利用碱性物质与具有酸性特征的 CO_2 反应而将其吸收。但仅靠常温减压不能使富液中的 CO_2 回收，通常都用热法并与气提结合。

③物理化学法：介于以上两种方法之间，兼有两者特点。

采用的吸收设备大多为填料塔。

由于合成氨生产中，CO_2 的脱除及其回收利用是脱碳过程的双重目的，因此，在选择脱碳方法时，不仅要从方法本身的特点考虑，而且要根据原料、CO_2 用途、技术经济指标等进行考虑。

3. 氨的合成

氨的合成是整个合成氨生产过程的核心。

（1）氨合成反应的热力学基础

氨合成反应是放热同时物质的量减小的可逆反应。反应式为：

$$N_2 + 3H_2 \rightleftharpoons 2NH_3 \qquad (2-26)$$

实验表明，氨合成温度越高，平衡常数值越小。增大压力，K_p 有所增加。利用平衡常数及其他已知条件，可以计算某一温度、压力下的平衡氨含量。平衡氨含量也随温度升高而降低，随压力增大而增大；另外，惰性气体含量越大，平衡氨含量越小。

总之，增大压力、降低温度，氢氮比保持在 3 左右，并尽量减少惰性气体的含量，有利于氨的生成。但是，即使在压力较高的条件下反应，氨的合成率还是很低的，即仍有大量的 H_2 和 N_2 未参与反应，因此，这部分 H_2 和 N_2 必须加以回收利用，从而构成氨分离后的 H_2 和 N_2 循环的回路流程。

（2）氨合成的反应动力学

氨合成反应过程由气固相催化反应过程的外扩散、内扩散和化学反应动力学等一系列连续步骤组成。当气流速率相当大及催化剂粒度足够小时，外扩散及内扩散的影响均不显著，则整个催化反应过程的速率可以认为和化学反应动力学速率相等。但工业过程还是要考虑到内扩散的阻滞作用，采用小颗粒催化剂可提高内表面利用率，即减小内扩散的阻滞作用。

对于氨合成的反应机制，存在不同的假设。一般认为，氮在催化剂上被活性吸附，解离为氮原子。然后逐步加氢，连续生成 NH、NH_2 和 NH_3。

（3）氨合成催化剂

长期以来，人们对氨合成反应的催化剂做了大量的研究工作，发现对氨合成反应具有活性的一系列金属中，铁系催化剂价廉易得，活性良好，使用寿命长。因此，以铁为主体，并添加助催化剂的铁系催化剂在合成氨工业中得到了广泛的应用。

铁系催化剂的主要成分为 Fe_3O_4，加入的助催化剂有 K_2O、CaO、MgO、Al_2O_3 和 SiO_2 等多种组分。其中：Al_2O_3 和 MgO 为结构型助催化剂，可使催化剂的比表面积增大，即通过改善还原态铁的结构呈现出助催化作用。K_2O 为电子型助催化剂，虽然添加后催化剂的比表面积略微下降，但可使金属电子逸出功降低，有助于氮的活性吸附。CaO 也是电子型助催化剂，主要有助于 Al_2O_3 与 Fe_3O_4 固溶体的形成，还可提高催化剂的热稳定性。SiO_2 具有"中和" K_2O、CaO 等碱性组分的功能，并提高催化剂抗水毒害和耐烧结的性能。

通常制成的催化剂为黑色不规则颗粒，有金属光泽，堆密度为 $2.5 \sim 3.0 \ kg \cdot L^{-1}$，隙率为 $40\% \sim 50\%$。

催化剂中具有活性的成分是金属铁，因此，使用前要用氢氮混合气使其还原，反应式为：

$$Fe_3O_4 + 4H_2 = 3Fe + 4H_2O \ (g) \tag{2-27}$$

由于反应吸热，故还原时应提供足够的热量。

对铁催化剂有毒的物质主要有硫、磷、砷的化合物，CO，CO_2 和水蒸气等。另外，使用过程中，细结晶长大会改变催化剂的结构，机械杂质的覆盖也会使比表面积下降，这些也都会使催化剂活性下降。

二、磷酸盐工业

磷酸盐工业是现代化学工业的重要组成部分，从肥料磷酸盐、普通磷酸盐到精细磷酸盐、专用磷酸盐和材料型磷酸盐，都与人们的日常生活以及高新技术的发展息息相关，在国民经济中占有极为重要的地位。因此，世界各国都非常重视发展磷酸盐工业。全球生产的磷酸盐品种（包括磷化物）约 200 种，加上同一品种的不同规格，总数达 300 种以上。

（一）磷酸

磷酸是由五氧化二磷（P_2O_5）与水反应得到的化合物。正磷酸对应的分子式为 H_3PO_4，简称为磷酸，与五氧化二磷结合的水的比例低于正磷酸时会形成焦磷酸（$H_4P_2O_7$）、三聚磷酸（$H_5P_3O_{10}$）、四聚磷酸（$H_6P_4O_{13}$）和聚偏磷酸（HPO_3）$_n$，在磷的含氧酸中，以磷酸最为重要，它是生产磷肥、高效复合肥料以及各种技术磷酸盐的中间产品。

1. 磷酸的物理化学性质

常温下纯磷酸是无色固体，相对密度为 1.88，单斜晶体结构，熔点为 42.35℃。通常生产和使用的磷酸都是水溶液。在工业上常用 P_2O_5 或 H_3PO_4 的质量分数表示磷酸的浓度。例如，85%H_3PO_4（EP P_2O_5 质量分数为 61.6%），80%H_3PO_4（P_2O_5 质量分数为 58.0%），75%H_3PO_4（P_2O_5 质量分数为 54.3%）。市售磷酸是含 85%H_3PO_4 的黏稠液体。

H_3PO_4 是一种无氧化性、不挥发的中等强度的三元酸。

磷酸经强热脱水或同磷酐相互作用形成聚磷酸。聚磷酸有两类：一类是分子呈环状结构，即所谓偏磷酸，实际上是具有环状结构的聚磷酸，常见的偏磷酸有三偏磷酸和四偏磷酸；另一类是分子呈链状结构，为长链结构的聚磷酸。

聚磷酸中所含 P_2O_5 量高，腐蚀性小，它们与铵、钾、钠、钙以及其他阳离子结合形成各种聚磷酸盐，既可作为高浓度复合肥料，又可以作为各种特定功能用途的磷酸盐，因此，聚磷酸及其盐的开发利用已经引起人们的广泛重视。

2. 磷酸的用途

磷酸主要用于制造高浓度的磷肥（如重过磷酸钙、磷酸铵等）和各种磷酸盐。

磷酸还用作电镀抛光剂、磷化液、印刷工业去污剂、有机合成和石油化工的催化剂、染料及其中间体生产中的干燥剂、乳胶的凝固剂、软水剂、合成洗涤剂的助剂、补牙黏合剂以及作为无机黏合剂。

经过精制净化后的高纯磷酸可作为食品添加剂或在医药工业中使用。

3. 湿法磷酸

磷酸的生产方法主要有两种：湿法和热法。

湿法是用无机酸来分解磷矿石制备磷酸。根据所用无机酸的不同，又可分为硫酸法、盐酸法、硝酸法等。由于硫酸法操作稳定，技术成熟，分离容易，所以它是制造磷酸最主要的方法。

（1）硫酸法生产磷酸的物理化学原理

湿法磷酸生产中，硫酸分解磷矿是在大量磷酸溶液介质中进行的，反应式为：

$$Ca_5F(PO_4)_3+5H_2SO_4+nH_3PO_4+5nH_2O=(n+3)H_3PO_4+5CaSO_4 \cdot nH_2O+HF$$

$$(2-28)$$

式中的 n 可以等于 0，$\frac{1}{2}$，2。

实际上分解过程是分两步进行的。第一步是磷矿同磷酸（返回系统的磷酸）作用，生产磷酸二氢钙，反应式为：

$$Ca_5F(PO_4)_3+7H_3PO_4=5Ca(H_2PO_4)_2+HF \qquad (2-29)$$

第二步是磷酸二氢钙和硫酸反应，使磷酸二氢钙全部转化为磷酸，并析出硫酸钙沉淀，反应式为：

$$5Ca(H_2PO_4)_2+5H_2SO_4+5nH_2O=10H_3PO_4+5CaSO_4 \cdot nH_2O \downarrow \qquad (2-30)$$

生成的硫酸钙根据磷酸溶液中酸浓度和温度不同，可以有二水硫酸钙（$CaSO_4 \cdot 2H_2O$）、半水硫酸钙（$CaSO_4 \cdot 1/2H_2O$）和无水硫酸钙（$CaSO_4$）。实际生产中，析出稳定磷石膏的过程是在制取含 $30\% \sim 32\% P_2O_5$ 的磷酸和温度为 $65 \sim 80 ℃$ 条件下进行的。在较高浓度（$35\% P_2O_5$ 以上）的溶液和提高温度到 $90 \sim 95 ℃$ 时，则析出半水物，所析出的半水物在不同程度上能水化成石膏。降低析出沉淀的温度和磷酸的浓度，以及提高溶液中 CaO 或 SO_3 的含量都有助于获得迅速水合的半水物。有大量石膏存在时也能加速半水合物的转变，在温度高于 $150 ℃$ 和酸浓度大于 45%（P_2O_5）时，则析出无水物。

在磷矿石被分解的同时，原料中的其他无机物杂质也被分解，发生各种副反应。例如，天然磷矿中所含的碳酸盐按下式分解：

$$CaCO_3+H_2SO_4+(n-1)H_2O=CaSO_4 \cdot nH_2O+CO_2 \qquad (2-31)$$

磷矿中氧化镁以碳酸盐形式存在，酸溶解时几乎全部进入磷酸溶液中，反应式为：

$$MgCO_3+H_2SO_4=MgSO_4+CO_2 \uparrow +H_2O \qquad (2-32)$$

在磷矿石被分解的同时，原料中的其他无机物杂质也被分解，发生各种副反应。将给磷酸质量和后加工带来不利影响。

例如，天然磷矿中所含的碳酸盐按下式分解：

磷矿中通常含有 $2\% \sim 4\%$ 的氟，酸解时首先生成氟化氢，氟化氢再与磷矿中的活性氧化硅或硅酸盐反应生成四氟化硅和氟硅酸。

$$SiO_2+4HF=SiF_4+2H_2O$$

$$SiO_2+6HF=H_2SiF_6+2H_2O \tag{2-33}$$

部分四氟化硅呈气态逸出，氟硅酸保留在溶液中。在浓缩磷酸时，氟硅酸分解为 SiF_4 和 HF。在浓缩过程中约有 60% 的氟从酸中逸出，可回收加工制取氟盐。

氧化铁和氧化铝等也进入溶液中，并同磷酸作用，反应式为：

$$R_2O_3+2H_3PO_4=2RPO_4+3H_2O \qquad (R=Fe，Al) \tag{2-34}$$

因此，天然磷矿中含有较多氧化铁和氧化铝时不适宜用硫酸法制备磷酸。

磷酸生产中的硫酸消耗量，可根据磷矿的化学组成，按化学反应式计算出理论硫酸用量。对不同类型的磷矿，其杂质含量不同，因而实际硫酸消耗量与化学理论量之间存在偏差，须由实验确定。

在酸中磷灰石的溶解受氢离子从溶液主流中向磷矿颗粒表面扩散速度和钙离子从界面向溶液主流中扩散速度所控制。在高浓度范围内，磷酸溶液的黏度显著增大，离子扩散减慢，也引起磷灰石溶解速率降低，因此，氢离子浓度和溶液的黏度是决定 H_2SO、H_3PO_4 混合溶液中磷灰石溶解速率的主要因素。

由于液固反应，搅拌可以提高磷灰石的溶解速率。因为分解磷块岩，伴随着逸出二氧化碳并形成泡沫。当搅拌不强烈时，落在相对静止的泡沫上的磷矿粒子结成小团，由于磷矿和硫酸相互作用，生成的硫酸钙结晶的薄膜覆盖其上，从而使磷灰石的分解不能正常进行。因此，搅拌应当保证上层泡沫发生剧烈运动，使液体在搅拌时能形成漩涡状。为此，控制料浆的液固比非常重要。实际上应确定料浆液固比在 2.5～3.5，这是靠磷酸的循环来维持的。

磷灰石与磷酸反应的速率也与温度有关，温度越高，磷酸对磷灰石的分解率越高，在实际生产条件下，料浆被加热到 60～70℃或稍高的温度。

（2）工艺流程

根据生成硫酸钙结晶的水合形式的不同，其生产工艺分为二水物流程、半水物流程、半水-二水物流程、二水-半水物流程和无水物流程，其中又以二水物流程居多。这里简要介绍硫酸法二水物流程。

磷矿粉的主要成分为氟磷酸钙，要求其中氧化铁和氧化铝的总量在3%以下，氧化铁含量不应超过 P_2O_5 含量的8%，氧化镁含量不超过 P_2O_5 含量的6%，二氧化碳含量应小于 6%，并要求活性二氧化硅与氟物质的量之比为6或稍低一些。

硫酸浓度尽可能高一些，一般采用92% H_2SO_4。

单槽晶浆循环的二水物流程是目前广泛采用的工艺。目前国内多采用同心圆式的多浆单槽，它是湿法磷酸生产的主要设备，为两个同心的内、外圆所组成的圆筒形容器，内分七个反应区，每区都装有搅拌浆。内、外圆之间的环形空间分装六只搅拌浆，依次称为第

1 到第 6 区，内筒装有一只搅拌桨，称为第 7 区。第 1 区和第 6 区之间装有挡墙，把两个区的液相部分分开。挡墙靠液面及外壁处开有一个长方形的回浆口。在第 6 区和第 7 区的内筒槽壁上，设有溢流口，以便第 6 区的料浆溢流到第 7 区。第 7 区料浆用浸没式料浆泵送去过滤。

磷矿石经粉碎至 80~100 目后，进入反应槽第 1 区，在第 1 区加入稀磷酸和返酸以维持料浆的液固质量比为 2.5~3.5，并调节磷酸浓度。

硫酸由硫酸高位槽经流量计加入反应槽第 2 区，硫酸用量为理论量的 102%~104%。反应生成的硫酸钙晶体要求具有稳定的结晶形式，并要求颗粒大而整齐，便于过滤和洗涤，反应温度一般维持在 60~70℃，分解反应为放热反应，萃取液可自热到 80℃以上，因此，可以采用抽真空或鼓入冷空气来降低槽内温度，以保证产品浓度，同时可排出氟化物，减少因析出氟化物而造成过滤困难，但温度过低对石膏晶体会有不利影响。

分解反需 4~6 h，反应后所得料浆大部分由第 6 区返回第 1 区，只有一小部分由第 7 区溢流至盘式或带式过滤机，滤液即为磷酸，其 P_2O_5 浓度为 25%~32%，一部分返回反应槽调节液固比，另一部分作为成品送去蒸发浓缩。滤渣为二水石膏，经串联洗涤 2~3 次，一次洗液为稀磷酸，返回反应槽，而二、三次洗液作为一次洗水用。石膏洗涤后可综合利用。

磷矿石中的杂质（白云石、方解石等碳酸盐和海绿石、霞石等硅酸盐）会消耗硫酸，产生副反应。当碳酸盐与有机杂质含量大时，会使溶液产生大量的泡沫，严重时会"冒槽"，这时可加适量柴油或肥皂水消除。

镁盐含量高时，会影响石膏结晶质量，并使黏度增大，造成过滤困难，而铁铝氧化物含量高时会造成五氧化二磷的损失，并堵塞滤布。

反应生成的氟化氢与二氧化硅反应生成氟硅酸，氟硅酸对石膏结晶有利，故当矿石中 SiO_2 含量不足时，可适量补加硅胶。

反应槽内接触的腐蚀性介质有硫酸、磷酸、氟硅酸、含氟气体（四氟化硅、氟化氢）等，槽体应合理选用耐腐蚀材料，一般可用钢板或水泥衬石墨板或衬辉绿岩防腐层制成。顶盖用钢板内衬玻璃钢制成。搅拌桨叶及轴可用含钼合金或钢外包橡胶制成。

运输和储存的槽、罐须用含钼合金或非金属材料如石墨、橡胶、塑料衬里。

（3）湿法磷酸的精制

湿法磷酸因生产方法所限，有很多杂质带入成品酸中。常存在的杂质包括溶解物和悬浮物，有无机物，也有有机物。这些杂质的来源除矿石本身外，还有磷矿富集过程中吸附的药剂、硫酸及各生产工序的加工设备受物理化学侵蚀带入的杂质。

湿法磷酸的精制方法主要有溶剂萃取法、结晶法、离子交换法、电渗析法、化学沉淀法。

化学沉淀法和溶剂萃取法已经工业化，其余各种方法在工艺和技术方面也有不同程度的突破。

溶剂萃取流程基本上是按萃取—精制—反萃取这一顺序进行的。首先，使溶剂与湿法磷酸混合，分成两相——溶剂相和水相。磷酸被萃取到溶剂相中而杂质留在水相中，水相作为萃取残液取出。接着用水或磷酸洗涤溶剂相，以除去在萃取溶剂中被萃取出的一部分杂质。最后再将溶剂相与水混合，将溶剂中的磷酸反萃取到水中，溶剂可循环使用，水相作为精制磷酸加以回收。

目前，世界上所采用的二水物法流程生产的湿法磷酸中 P_2O_5 含量一般为 28%～32%，不能满足生产高浓度磷肥和技术级磷酸盐的需要，必须进行浓缩处理，通常采用直接接触蒸发和管式加热蒸发两种浓缩方法，以得到所需要的磷酸产品。

4. 热法磷酸

热法是用黄磷燃烧并水合吸收所生成的 P_4O_5 来制备磷酸。热法磷酸的制造方法主要有液态磷燃烧法（又称二步法）。

二步法有多种流程，在工业上普遍采用的有两种。第一种是将黄磷燃烧，得到五氧化二磷，用水冷却和吸收制得磷酸，此法称为水冷流程；第二种是将燃烧产物五氧化二磷用预先冷却的磷酸进行冷却和吸收而制成磷酸，此法称为酸冷流程。这里简要介绍酸冷流程，将黄磷在熔磷槽内熔化为液体，液态磷用压缩空气经黄磷喷嘴喷入燃烧水合塔进行燃烧，为使磷氧化完全，防止磷的低级氧化物生成，在塔顶还须补充二次空气，燃烧使用空气量为理论量的 1.6～2.0 倍。

在塔顶沿塔壁淋洒温度为 30～40℃ 的循环磷酸，在塔壁上形成一层酸膜，使燃烧气体冷却，同时 P_2O 与水化合生成磷酸。

塔中流出的磷酸浓度为 86%～88%（ H_3PO_4 的质量分数），酸的温度为 85℃，出酸量为总酸量的 75%。气体在 85～110℃ 条件下进入电除雾器以回收磷酸，电除雾器流出的磷酸浓度为 75%～77%（ H_3PO_4 的质量分数），其量约为总酸量的 25%。

从水化塔和电除雾器来的热法磷酸先进入浸没式冷却器，再经喷淋冷却器冷却至 30～35℃。一部分磷酸送燃烧水化塔作为喷洒酸，一部分作为成品酸送储酸库。

（二）磷酸盐

各种酸的复杂性，使得磷酸盐化学性质具有极其丰富的内容。磷酸盐的品种繁多，用途广泛。

1. 磷酸盐的分类和性质

磷酸盐可以分为简单磷酸盐和复杂磷酸盐。

所谓简单磷酸盐是正磷酸的各种盐，例如 NaH_2PO_4、Na_2HPO_4、Na_3PO_4、KH_2PO_4、$CaHPO_4$、$NH_4H_2PO_4$、$(NH_4)_2HPO_4$、K_3PO_4、$Ca_3(PO_4)_2$、$Zn_3(PO_4)_2$ 等。简单磷酸盐比较重要的化学性质是溶解性、水解性和稳定性。

磷酸的钠盐、钾盐、铵盐以及所有的磷酸二氢盐都易溶于水，而磷酸一氢盐和磷酸正盐除钠、钾和铵盐以外，一般都难溶于水。

由于磷酸是中强酸，所以它的碱金属盐都易于水解。如 Na_2HPO_4 和 Na_3PO_4 在水中发生如下水解反应使溶液呈碱性：

$$PO_4^{3-} + H_2O \rightleftharpoons HPO_4^{2-} + OH^-$$

$$HPO_4^{2-} + H_2O \rightleftharpoons H_2PO_4^- + OH^-$$

对于 NaH_2PO_4，除了发生水解反应外，还可能发生解离作用，反应式为：

$$H_2PO_4^- + H_2O \rightleftharpoons H_3PO_4 + OH^-$$

$$H_2PO_4^- \rightleftharpoons H^+ + HPO_4^{2-}$$

由于解离程度（$K_{解离} = 6.2 \times 10^{-2}$）比水解程度（$K_{水解} = 10^{-11}$）大，因而，显酸性反应。

磷酸正盐比较稳定，通常不易分解。但是磷酸一氢盐或磷酸二氢盐受热时易脱水缩合为焦磷酸盐或偏磷酸盐。

复杂磷酸盐可以分为三类：直链聚磷酸盐、超磷酸盐和环状聚偏磷酸盐。构成复杂磷酸盐的基本结构单元仍然是磷氧四面体（PO_4）。

直链聚磷酸盐是由两个以上的 PO_4 通过共用角顶氧原子形成直链结构。这类磷酸盐的通式是 $M_{n+2}P_nO_{3n+1}$，式中 M 是+1 价金属离子，n 是聚磷酸盐中的磷原子数。当 n 很大时，聚磷酸盐的化学式趋近于 $M_nP_nO_{3n}$，与聚偏磷酸盐化学式相同，常误称为偏磷酸盐。直链聚磷酸盐中最为人们熟知的是 Graham's 盐（俗称六偏磷酸钠，Calgon），是一种水溶性聚磷酸盐玻璃体，具有近似于 $(NaPO_3)_n$ 的组成，它没有固定的熔点，在水中具有较大的溶解度，水溶液具有很大的黏性，pH 值在 5.6～6.4。近来研究表明，它不是一种简单的化合物，而是一种具有高相对分子质量聚磷酸盐玻璃体（90%）和各种偏磷酸盐（10%）的混合物。

具有支链笼状结构的聚磷酸盐称为超磷酸盐，通式也是 $M_{n+2}P_nO_{3n+}$，超磷酸盐是无定形玻璃体，具有良好的可塑性。

环状聚偏磷酸盐是由三个以上的 PO_4 通过共用氧原子而连接成环状结构，通式是 $(MPO_3)_n$。常见的有环状三偏磷酸盐（六元环）和四偏磷酸盐（八元环）。

聚磷酸盐的重要化学性质有水解作用、配位作用、催化作用和高分子性质。这些性质确定了聚磷酸盐在各方面的重要应用。

（1）水解作用

聚磷酸盐都显示出不同程度的水解性，水解的速率取决于聚磷酸盐的结构和所处的条件（pH 值和温度）。

正磷酸盐的水解不涉及 P-O-P 键的断裂，而是通过相平衡的移动形成水溶性较小的物种。例如，磷酸二氢钙和过量的水作用生成羟基磷灰石，这和自然界磷灰石的生成相关。

$$Ca(H_2PO_4)_2+H_2O \longrightarrow Ca(H_2PO_4)_2 \cdot H_2O$$

$$Ca(H_2PO_4)_2 \cdot H_2O+H_2O \longrightarrow CaHPO_4 \cdot 2H_2O+H_3PO_4$$

$$8CaHPO_4 \cdot 2H_2O \longrightarrow Ca_8H_2(PO_4)_6 \cdot 5H_2O+2H_3PO_4+11H_2O$$

$$5Ca_8H_2(PO_4)_6 \cdot 5H_2O \longrightarrow 4Ca_{10}(PO_4)_6(OH)_2+6H_3PO_4+17H_2O \qquad (2-35)$$

聚磷酸盐水解时，所有 P-O-P 键均能断裂，尤其是长链聚磷酸盐的水解更复杂，除了链端基团断裂外，在链节内部断裂形成较短链的聚磷酸盐，并伴随环状偏磷酸盐的形成，但最终生成正磷酸盐。

聚磷酸盐水解速率随 pH 值减小而增大，升高温度能提高水解速率。金属离子对水解具有催化作用，近似正比于阳离子的电荷和阳离子浓度的对数。

（2）配位作用

磷酸盐具有很强的配位能力，能与许多金属离子形成可溶性的配合物。实际上，聚磷酸盐能和所有的金属阳离子形成配合物。一般说来，碱金属聚磷酸盐有比较弱的配位作用，碱土金属聚磷酸盐有稍微弱的配位作用，过渡金属聚磷酸盐有很强的配位作用。配合物的稳定性：正磷酸盐<焦磷酸盐<三聚磷酸盐<四聚磷酸盐。因此，作为合成洗涤剂的配位助剂，三聚磷酸盐要优于焦磷酸盐，这也是三聚磷酸钠大量用于洗涤剂和水处理方面的原因。

（3）催化作用

磷酸和磷酸盐是通过与反应物之间进行质子交换而促进化学反应的催化剂，具有促进链烯烃的聚合、异构化、水合、烯烃的烷基化以及醇类脱水等作用。

例如，磷酸铜、磷酸铈都是气相水解法合成甲酚和二甲酚的催化剂。磷酸硼是环烷醇脱水作用的新型催化剂，磷酸铈作为固体酸催化剂广泛用于各种有机合成反应中。P_2O_5 含量为 82%～85%的聚磷酸大量用于石油化工的催化剂，如烷基化反应、异构化反应、脱氢反应和聚合反应。它负载于硅藻土上直接作为催化剂，无焦化现象、副反应少，反应后的磷酸易于除去，这些对于生产过程极为有利。

（4）高分子性质

聚磷酸盐具有高分子性质，能使悬浮液变成溶胶，降低溶液的黏度，从而对微细分散的固体物质有很强的分散能力，因此，广泛用作食品加工中的乳化剂和分散剂、钻井泥浆的分散剂、油漆中颜料的分散剂，以及矿石浮选的分散剂和乳化剂。

2. 磷酸二氢钾

（1）性质

KH_2PO_4 是无色或白色带光泽的斜方晶体，相对密度为 2.338，熔点为 252.6℃，加热到 400℃时则熔化成透明的液体。冷却后，即固化为不透明的玻璃状的物质——偏磷酸钾（KPO_3）$_n$，能溶于水，不溶于醇，有吸湿性。

（2）用途

KH_2PO_4 主要是作为高效水溶性的复合肥料，工业上作为细菌培养剂、酿造酵母培养剂以及缓冲溶液的制备原料，也可作为合成偏磷酸钾的原料，在食品和医药工业中作为添加剂和营养剂，以及合成清酒的调味剂，高纯 KH_2PO_4 可作为铁电功能材料。

（3）生产方法

KH_2PO_4 的制备方法很多，主要有如下几种：

①中和法

采用 KOH 或 K_2CO_3 中和 H_3PO_4 以制取 KH_2PO_4。其化学反应式为：

$$H_3PO_4+KOH=KH_2PO_4+H_2O$$

$$2H_3PO_4+K_2CO_3=2KH_2PO_4+CO_2+H_2O \tag{2-36}$$

早在 1821 年，Mitscherlish 就采用中和法制备出 KH_2PO_4，此后许多研究者在这方面做了大量的工作，使中和法工艺日趋完善。中和法由于具有工艺简单、投产容易、见效快、产品纯度高等优点，又适用于小批量的生产，因此，一直沿用至今，目前我国大规模生产的有 16 家，产量近 20 000t/a。

②复分解法

将氯化钾与磷酸二氢钠（或铵盐）通过复分解反应生成磷酸二氢钾。其化学反应式为：

$$KCl+NaH_2PO_4=KH_2PO_4+NaCl$$

$$KCl+NH_4H_2PO_4=KH_2PO_4+NH_4Cl \tag{2-37}$$

反应后的料液可以根据 $NH_4Cl-KH_2PO_4-H_2O$ 或 $NaCl-KH_2PO_4-$ 或 H_2 系统相图分离出 kH_2PO_4。

近年来，开发了以氯化钾和磷酸，特别是湿法磷酸为原料制取磷酸二氢钾的工艺，从而使生产 KH_2PO_4 的成本大幅度下降。其化学反应式为：

$$KCl+H_3PO_4=KH_2PO_4+HCl \tag{2-38}$$

围绕如何排除反应生成的 HCl 和如何从 $KH_2PO_4-H_3PO_4-KCl-H_2O$ 系统中分离出 KH_2PO_4，提出了一系列工艺方法：结晶法、沉淀法、萃取法、离子交换法以及用磷矿石和钾盐原料直接生产 KH_2PO_4 的直接法等。

③离子交换法

利用一种阳离子或阴离子交换树脂分别对 $H_2PO_4^-$ 或 K^+ 进行吸收和再生过程来合成 KH_2PO_4：

$$H_3PO_4+NH_3 \rightarrow NH_4H_2PO_4$$
$$\downarrow$$
$$R-SO_3NH_4+KCl = R-SO_3K+NH_4Cl \qquad (2-39)$$
$$\downarrow$$
$$R-SO_3NH_4+KH_2PO_4$$

在 1965 年日本研究了用离子交换法制取 KH_2PO_4，制备过程分为三个阶段：首先用含磷酸（或磷酸盐）的溶液通过 OH^- 型弱碱性阴离子交换树脂，使 OH^- 型树脂转变成 $H_2PO_4^-$ 型，然后用 KCl 溶液来洗脱，使 $H_2PO_4^-$ 型树脂转变为 Cl^- 型，洗脱下来的 $H_2PO_4^-$ 与洗脱液中的 K^+ 结合成 KH_2PO_4，最后再用氨水再生树脂，使其恢复成 OH^- 型，同时副产 NH_4Cl。

3. 磷酸氢钙

（1）性质

磷酸氢钙以无水 $CaHPO_4$（相对密度为 2.89 的三斜晶体）和 $CaHPO_4 \cdot 2H_2O$（相对密度为 2.318 的单斜晶体）两种结构存在。在 $CaO-P_2O_5-H_2O$ 体系中，当温度低于 36℃时二水磷酸氢钙是稳定的，高于 36℃时无水 $CaHPO_4$ 是稳定的。实际生产是在 40～50℃时沉淀出介稳的二水磷酸氢钙，更高的温度下则沉淀出无水盐，常用的是二水物。

磷酸氢钙含枸溶性 P_2O_5 达 30%～40%，无异常气味，溶于稀盐酸、硝酸、乙酸、柠檬酸铵中，不溶于醇，微溶于水。二水物在 115～120℃时失去两个结晶水，属热敏性材料，当加热至 400℃以上时，形成焦磷酸钙。

（2）生产方法

磷酸氢钙（DCP）是世界上产量最大和普遍使用的饲料磷酸盐品种，也是我国饲料磷酸盐的主要品种，占饲料磷酸盐总产量的90%以上。饲料磷酸氢钙的生产方法主要有热法磷酸法、湿法磷酸法。

①热法磷酸法

将浓度70%～80%热法磷酸加热到40～50℃，与石灰乳或含95%$CaCO_3$的方解石粉在混合器中搅拌反应生成磷酸氢钙，经干燥、粉碎，即得成品。消耗定额为：热法磷酸（H_3PO_4 以 100% 计）0.650 t·t^{-1}，方解石粉（$CaCO_3$ 以 100% 计）0.700 t·t^{-1}，电 60 kW·h·t^{-1}。由于热法磷酸纯度高，无须净化，可直接中和，因而工艺流程短，产品质量好。但生产成本高，将逐渐被湿法磷酸法所取代。

②湿法磷酸法

先用硫酸（或盐酸）分解磷矿制得磷酸，湿法磷酸经脱氟除去重金属离子等净化处理，再与石灰乳或方解石悬乳液反应制得饲料级磷酸氢钙。湿法磷酸法由于原料易得，能耗小，成本低，已成为国内外生产饲料磷酸氢钙的主要方法之一。

该法的技术关键在于湿法磷酸的净化精制、脱除其中的有害元素，主要是氟。脱氟的方法很多，主要有化学沉淀法、浓缩脱氟法、溶剂萃取法等。工业上应用较多的是化学沉淀法。

化学沉淀法是在二段中和法基础上发展的。即第一段中和时用含 CaO 5%～8% 的石灰乳或方解石粉悬浊液将湿法磷酸调至 pH 值为 3.0～3.2，磷酸中的氟及铁、铝、镁等杂质以氟化钙、氟硅酸钙、枸溶性磷酸铁、磷酸铝、磷酸镁等沉淀物形式沉淀出来，使湿法磷酸中 $n_{P_2O_5}/n_F > 230$，然后再用石灰乳在 40℃ 左右将净化的湿法磷酸调至 pH 值为 5.5～6.0，即得饲料级磷酸氢钙。

由于一段中和时调 pH 值为 3.0～3.2，脱氟同时使大量磷酸氢钙共同沉降，因此该法磷的收率仅为 60% 左右。在此基础上开发出用钠盐（硫酸钠、氯化钠、碳酸钠）和钾盐（氯化钾、硫酸钾）等预脱氟的改进二段中和法制取饲料磷酸钙流程。这是利用湿法磷酸中的氟先与钠盐或钾盐生成溶解度极小的氟硅酸盐等沉淀。相关化学反应式为：

$$H_2SiF_6 + Na_2SO_4 = Na_2SiF_6 \downarrow + H_2SO_4$$

$$H_3AlFF_6 + 3NaCl = Na_3AlF_6 \downarrow + 3HCl$$

$$H_2SiF_6 + 2KCl = K_2SiF_6 \downarrow + 2HCl \tag{2-40}$$

若采用钠盐，加入理论量的 130%～150%；采用钾盐时，加入理论量的 105%～110%。预脱氟阶段的脱氟率在 70% 左右。磷酸浓度越高，脱氟率越高；反应温度越高，脱氟率越低。无论是采用钠盐还是钾盐预脱氟，都主要是脱除磷酸中以 H_2SiF_6 形式存在的氟。由于磷矿源不同，SiO_2 含量不同，磷酸中的 H_2SiF_6 和 HF 含量不同，因此不同磷酸脱氟效果会有差别。

预脱氟后 $n_{P_2O_5}/n_F = 80 \sim 150$，还不能达到饲料级磷酸 $n_{P_2O_5}/n_F = 220 \sim 230$ 的要求。过滤澄清后的磷酸再经石灰乳深度脱氟。化学反应式为：

$$Ca(OH)_2 + 2HF = CaF_2 \downarrow + 2H_2O$$

$$Ca(OH)_2 + H_2SiF_6 = CaSiF_6 \downarrow + 2H_2O \tag{2-41}$$

深度脱氟 pH 值为 2.5～3.0，使共同沉淀的磷酸氢钙量减少，降低了磷的损失率，同时将湿法磷酸中绝大部分氟脱除。目前国内外多采用芒硝-石灰乳两段中和脱氟法，除了生产饲料级磷酸氢钙，还副产肥料级磷酸氢钙和氟硅酸钠。该法磷酸氢钙磷的收率可达到 70% 以上。

湿法磷酸中的砷以及重金属等杂质主要来源于磷矿和硫酸，一般采用 Na_2S 做显色剂检查沉淀砷及重金属等杂质。加入量为理论量的 2～4 倍，然后过滤除去硫化砷等沉淀物。过滤清酸用空气吹去残存 H_2S 后，用硅藻土除去磷酸中悬浮状硫，再用石灰乳或方解石粉调至 pH 值为 5.5～6.0，制得磷酸氢钙。

浓缩脱氟净化法是将湿法磷酸浓缩到含 P_2O_5 50%～54%，先除去 70%～80% 的氟化物，并加入活性 SiO_2，通入蒸气或热空气脱氟。逸出的氟用水吸收。

第三节　制碱工业

一、碱的性质和用途

碱的品种很多，有纯碱、烧碱、洁碱（也称小苏打）、倍半碱、硫化碱、泡花碱等 20 多种，其中产量最大、用途最广的是纯碱和烧碱，其产量在无机化工产品中仅次于化肥与硫酸，其性质与工业用途见表 2-1。

表 2-1　纯碱和烧碱的性质与用途

	纯碱	烧碱
化学式	$Na_2CO_3 \cdot 10H_2O$	NaOH
俗名	苏打（或碱灰）	苛性钠（或火碱）
性状	白色结晶粉末	白色半透明羽状结晶，有片状、块状、棒状和粒状
密度	$2533kg \cdot m^3$	$2130kg \cdot m^3$
熔点	851℃	318.4℃
水溶性	易溶于水，并与水生成多种水合物	易溶于水，并放出大量溶解热
化学性质	属于盐	属于强碱，与酸能发生剧烈反应，也对许多物质都有强烈的腐蚀性

续表

	纯碱	烧碱
用途	用于制造各种玻璃，且制取钠盐、金属碳酸盐、漂白粉、填料、催化剂以及染料；也用于选矿、制取耐火材料和釉，并应用于气体脱硫、工业废水处理、金属去脂、合成纤维和纺织、造纸及洗涤剂制造等行业	广泛应用于洗涤剂、肥皂、造纸、印染、纺织、医药、染料、金属制品、基本化工及有机化工工业

二、氨碱法制纯碱

1791 年，法国医生路布兰（Nicolas Lebelanc）首先提出了工业制碱方法，即路布兰法。该方法首先用食盐与硫酸反应生成硫酸钠，然后再将硫酸钠和石灰石、煤在高温下共熔得到纯碱。其总化学反应式为：

$$2NaCl+2C+2O_2+H_2O=2HCl+Na_2CO_3+CO_2 \tag{2-42}$$

路布兰法有以下两个明显的缺点：一是几乎所有的反应（生产）均在固相范围内进行，难以连续化；二是过程中所回收的盐酸（HCl）当时不能自行消化，也无较好的应用出路，且产品纯度低，生产成本高，因此，路布兰法已被淘汰。

目前我国纯碱生产仍以氨碱法为主，约占总产量的 60%。

（一）氨碱法生产纯碱的工艺流程

氨碱法是以食盐和石灰石为原料，以氨为媒介，进行一系列化学反应和单元操作而制得纯碱的。

氨碱法生产纯碱由以下几部分组成：一是 CO_2 和石灰乳的制备，石灰石经燃烧制得石灰和 CO_2，石灰经消化得石灰乳；二是盐水精制及氨化制氨盐水；三是氨盐水碳酸化（或简称碳化）制得重碱；四是重碱的过滤和洗涤；五是重碱燃烧制得纯碱成品及 CO_2；六是母液中氨的蒸发与回收。

1. 石灰石燃烧与石灰乳和二氧化碳的制备

氨盐水精制和氨回收过程中需要的大量石灰乳，以及氨盐水碳酸化过程需要的大量 CO_2，均来自石灰石的煅烧。

石灰石在窑中经煤燃烧受热分解的反应如下，为可逆吸热反应：

$$CaCO_3=CaO+CO_2\uparrow \tag{2-43}$$

当温度一定时，CO_2 的平衡分压也为定值。此值即为石灰石在该温度下的分解压。$CaCO_3$ 的分解压随温度升高而增大，当温度超过 600℃ 时，石灰石即开始分解，但 CO_2 的分压极低；当升至 850℃ 后，分解压迅速增加；当温度达到 898℃，CO_2 分压达到 0.1 MPa 时，即认为是 $CaCO_3$ 在常压下的理论分解温度。但天然碳酸钙矿石因其表观性质和组成的差别，其分解温度与纯 $CaCO_3$ 略有差别。

要促进 $CaCO_3$ 的分解，一是升高分解温度，以提高分解压；二是排出已产生的 CO_2，使气体中 CO_2 的分压小于该温度下的分解压。这样可使 $CaCO_3$ 连续分解，直至彻底分解。但要注意燃烧温度也不宜过高，否则石灰石熔融，将造成炉料结瘤和挂壁；还会使石灰石变为坚硬、不易消化、化学活性极差的块状物，即出现过烧现象。生产中，燃烧温度一般控制在 950～1200℃。

另外，碳酸钙分解所需的热量是由煤（也可用燃气或油）燃烧来提供，同时产生 CO_2，而 $CaCO_3$ 分解也产生大量的 CO_2。理论上，两种反应所产生的 CO_2 共可达气体总量的 46.3%，但实际生产过程中，由于空气中氧的不完全利用，一般有约 0.3% 的剩余氧气；煤的不完全燃烧，还会产生部分约 0.6% 的 CO 以及配焦率（煤中 C 与矿石中的 $CaCO_3$ 的配比）和热损失等原因，使窑气中的 CO_2 浓度（体积分数）只能在 40%～44% 之间。

为了便于在工厂中输送和操作，同时也可除去泥沙和生烧石灰石，常把石灰窑排出的成品石灰加水进行消化为石灰乳，即成为盐水精制和蒸氨过程所需的氢氧化钙。其化学反应式为：

$$CaO\ (s)\ +H_2O=Ca\ (OH)_2\ (s) \tag{2-44}$$

消化时因加水量不同即可得到消石灰（细粉末）、石灰膏（稠厚而不流动的膏状）、石灰乳（消石灰在水中的悬浮液）或石灰水 [$Ca\ (OH)_2$ 水溶液]。工业上常采用石灰乳。石灰乳较稠，对生产有利，但其黏度随稠厚程度升高而增加，太稠则消石灰易沉降，阻塞管道及设备。另外，石灰乳中的消石灰固体颗粒应细小均匀，使其反应活性好，且不易沉降。

2. 盐水精制与吸氨

无论是海盐、岩盐、井盐或湖盐，其中的钙、镁离子虽然含量并不大，但制碱过程中会与 NH_3 和 CO_2 生成 $CaCO_3$、$Mg\ (OH)_2$ 以及复盐的结晶沉淀，不仅消耗了原料 NH_3 和 CO_2，沉淀物还会堵塞设备和管道，若是混杂在纯碱产品中，纯度也会降低。故盐水必须精制，一般要求精制后 Ca^{2+} 与 Mg^{2+} 总量不大于 $30×10^{-6}$。

目前盐水精制的方法主要有两种，即石灰-碳酸铵法和石灰-纯碱法。

（1）石灰-碳酸铵法（石灰-塔气法）。即用石灰乳除去盐中的镁离子（Mg^{2+}），化学反应式为：

$$Mg^{2+}+Ca\ (OH)_2=Mg\ (OH)_2\downarrow+Ca^{2+} \tag{2-45}$$

过程中溶液的 pH 值一般控制在 10～11, 并适当加入絮凝剂, 可加速沉淀出 Mg (OH)$_2$ (一次泥)。

将分离出沉淀的溶液 (称为一次盐水) 送入除钙塔中, 与碳酸化塔顶部尾气 (塔气) 中的 NH$_3$ 和 CO$_2$ 反应再除去 Ca^{2+}, 化学反应式为:

$$Ca^{2+}+CO_2+2NH_3+H_2O=CaCO_3\downarrow+2NH_4^+ \tag{2-46}$$

除钙后的盐水称为二次盐水。

此法适于镁含量较高的海盐, 且由于利用了碳酸化尾气, 回收了 NH$_3$ 和 CO$_2$ 可降低成本。我国氨碱法技术路线多数采用此法。但缺点是造成溶液中氯化铵含量较高, 氨耗较大, 氯化钠的利用率下降, 工艺流程长而复杂, 且盐水精制度不高, 除钙塔易被 CaCO$_3$ 结疤。

(2) 石灰-纯碱法。除镁的方法与石灰-碳酸铵法相同, 再采用纯碱法除去 Ca^{2+}:

$$Ca^{2+}+Na_2CO_3=CaCO_3\downarrow+2Na^+ \tag{2-47}$$

该法除钙的同时不生成铵盐而生成钠盐, 因此不会降低氯化钠的转化率。

采用这一方法精制盐水时, 钙、镁离子的沉淀过程是一次进行的, 其石灰的用量与镁的含量相等, 而纯碱的用量为钙、镁含量之和。由于 CaCO$_3$ 在饱和盐水中的溶解度比在纯水中大, 因此, 纯碱用量稍大于理论用量, 一般控制纯碱过量 0.8 g · L^{-1}, 石灰过量 0.5 g · L^{-1}, pH 值均为 9 左右。

石灰-纯碱法生产流程简单, 盐水精制度高, 但 Na$^+$ 保留在精制盐水中, 使消耗的纯碱不致浪费。

盐水精制完成后即进行吸氨, 目的是使其氨浓度达到碳酸化的要求。所吸收的氨主要来自蒸氨塔, 其次还有真空抽滤气和碳酸化塔尾气。这些气体中均含有少量 CO$_2$ 和水蒸气。

精制盐水与 NH$_3$ 发生的反应式为:

$$NH_3\ (g)\ +H_2O\ (l)\ =NH_4OH \tag{2-48}$$

吸氨过程中会放出大量的热量, 包括 NH$_3$ 和 CO$_2$ 溶解于水的溶解热、NH$_3$ 与 CO$_2$ 反应放出的反应热, 以及气相中夹带的水蒸气在吸收过程中冷凝成水放出的显热和潜热。这些热量如果不及时移出系统, 将导致溶液温度升高而影响 NH$_3$ 的吸收, 严重时会使溶液沸腾, 而吸氨过程停止。因此, 吸氨过程中的工艺和设备的冷却方式和效果非常关键。

吸氨过程中, 还由于氨气进入液相, 使溶液的体积增大, 密度降低, 加之气相中部分水蒸气的冷凝液也进入液相, 稀释了饱和盐水。经过吸氨后溶液的体积最终会增加 13% 左右。

盐和氨分别溶于水溶液时的饱和溶解度与两者在同一水溶液体系中的情况有很大差别，缘于两者之间的相互影响，即氨在水中溶解越多，则盐的溶解度越小。氨本来是一种在水中溶解度很大的物质，但在有 NaCl 存在的盐水中，其溶解度有所降低，表现在氨盐水表面的平衡分压较纯水上方氨的平衡分压大，即 NaCl 的盐析效应。

温度对氨溶解度的影响遵循一般气体的规律，即温度升高则溶解度降低。但在盐水吸氨过程中，因有一部分 CO_2 参与反应而生成（NH_4）$_2CO_3$，因此，反而会提高 NH_3 在盐水中的溶解度。

吸氨的主要设备是吸氨塔，有外冷式和内冷式之分。流程中为外冷式吸氨塔，塔的上、中、下分三次引出盐水使之冷却，再返回下一圈继续吸氨。为了防止吸氨塔漏气，操作在真空下进行。

3. 氨盐水碳酸化

氨盐水吸收 CO_2 的过程称为碳酸化，即使溶液中的氨或碱性氧化物生成碳酸盐，其化学反应式为：

$$NaCl+NH_3+CO_2+H_2O=NH_4Cl+NaHCO_3$$

$$NaCl+NH_4HCO_3=NH_4Cl+NaHCO \tag{2-49}$$

碳酸化是氨碱法生产过程的核心，也影响整个工艺的消耗定额。它集吸收、结晶和传热等单元操作过程于一体，相互关联又相互制约。

碳酸化工艺中最主要的设备是碳酸化塔，应用最广泛的是 Solvay 碳酸化塔。其上部为吸收段，下部为冷却段，$NaHCO_3$ 不断结晶析出。该工艺易结疤，故在大规模生产系统中，常采用"塔组"进行多塔生产与操作。每组中有一塔作为清洗塔，并将预碳酸化液分配给几个制碱塔碳酸化制碱。塔的组合有多种形式：二塔组合、三塔组合、四塔组合，最多的有八塔组合。塔组合数的多少和方式原则上应注意：清洗塔能清垢干净，换塔次数少，碳酸化制碱时间长。当塔的数量一定时，塔的制碱时间和清洗时间比例就不变。清洗时间的长短须由具体情况而定，清洗时间长，换塔次数少，可以减少工人劳动强度及非定态操作引起的出碱不正常和转化率不高等情况的发生，但制碱时间太长易发生堵塞。而多塔组合与少塔组合比较，塔数越多，制碱与清洗的时间之比就越大，对每个塔来说，制碱时间越多，塔的利用率就越高。

4. 重碱过滤

从碳酸化塔取出的晶浆中含有 45%～50%（体积分数）的悬浮固体 $NaHCO_3$，生产中采用过滤的单元操作使其与母液分离。将分离并洗涤后的固体 $NaHCO_3$（称为重碱）送去煅烧，生成纯碱，而母液送回氨吸收系统进行蒸氨。

离心过滤机对重碱粒度要求高，生产能力低，氨耗高，国内大厂较少使用；而多采用真空过滤机，可连续操作，生产能力大，但滤出的固体重碱含水量较高。为了进一步降低产品的含水量，还可采用真空过滤机-离心机联用的工艺。

5. 重碱的煅烧

过滤出来的重碱 $NaHCO_3$ 须经加热燃烧后方能分解精制为纯碱。

重碱 $NaHCO_3$ 是一种不稳定的化合物，在常温常压下即能自行分解，随着温度的升高而分解速率加快。化学反应式为：

$$2NaHCO_3 = Na_2CO_3 + CO_2\uparrow + H_2O\uparrow \tag{2-50}$$

重碱的分解压随温度升高而急剧上升，当温度为 $100\sim101℃$ 时，分解压已达到 101.325kPa，即常压可使 $NaHCO_3$ 完全分解，但此时的分解速率仍很慢。生产实践中为了提高分解速率，一般用提高温度的办法来实现。当温度达到 190℃ 时，燃烧炉内的 $NaHCO_3$ 在半小时内即可分解完全，因此，生产中一般控制煅烧温度为 $160\sim200℃$。

煅烧过程除了重碱分解外，其中杂质也会发生一些副反应，会在煅烧炉尾气中产生 CO_2、水蒸气和少量的 NH_3。各种副反应不仅消耗了热量，而且使系统氨循环量增大，氨耗增加，同时生成的 $NaCl$ 固体影响了纯碱产品的质量。因此，要保证最终产品质量，应重点关注重碱的碳酸化、结晶、过滤、洗涤过程。

重碱煅烧炉出来的尾气称为炉气。重碱经煅烧后所得的纯碱质量与原重碱质量的比值称为烧成率，一般为 51% 左右。

工艺上目前一般采用内热式蒸气煅烧炉，重碱由皮带输送机运来，经重碱溜口进入圆盘加料器以控制加碱量，再经进碱螺旋输送机与 $2\sim3$ 倍返碱混合，并与从炉气分离器中来的粉尘混合进燃烧炉，经中压蒸汽间接加热分解约 20min，即由出碱螺旋输送机自炉内卸出，一部分做返碱送至入口，一部分经冷却后送圆筒筛筛分入仓。煅烧炉分解出的 CO_2、H_2O 和少量的 NH_3 一并从炉层排出，经除尘、冷却、洗涤，CO_2 浓度（体积分数）可达 90%，由压缩机抽送碳酸化塔使用。

6. 氨的回收

氨碱法生产纯碱的过程中，氨是循环使用的，每生产 1t 纯碱须循环 $0.4\sim0.5t$ 氨。氨价格较贵，减少纯碱生产和氨的回收循环使用过程中氨的损耗，是降低制碱成本的关键。

氨回收是将各种含氨溶液集中进行加热蒸馏，或用氢氧化钙 $[Ca(OH)_2]$ 对溶液进行中和后再蒸馏回收。含氨溶液主要是指碳酸化母液和淡液。碳酸化母液中含有游离氨和结合氨，同时有少量的 CO_2 或 HCO_3^-。为了节约石灰，以免生成 $CaCO_3$ 沉淀，氨回收在工艺上一般采用两步进行。首先将溶液中的游离 NH_3 和 CO_2 用加热的方法逐出液相，然后再加石灰乳与结合氨作用，使其变成游离氨而蒸出。淡液是指炉气洗涤液、冷凝液及其他含氨杂水，其中只含有游离氨，浓度很低，易蒸出，回收也较为简单，可以与过滤母液一起回收或分开回收。分开回收可节约能耗，减轻蒸氨塔的负荷，但须单设一台淡液蒸氨回收设备。

蒸氨工艺整个过程包括石灰乳蒸馏段、加热段、分液段、蒸馏和母液预热段。

蒸氨塔各段蒸出的氨自下而上升至预热段，预热母液后温度降至 65～70℃，进入冷凝器被冷却，大部分水蒸气经冷凝后去吸氨塔。

蒸氨塔能耗是氯碱厂中最大的，所需热量由塔底进入的 0.18 MPa 低压蒸汽供给，每生产 1 t 纯碱需要 1.5～2.5 t 蒸汽。

淡液蒸馏过程直接用蒸汽"气提"蒸出氨和 CO_2，并回收到生产系统中。在含有纯碱的淡液中含有的结合氨量较少，可看成不含 NaCl 和 NH_4Cl 的 $NH_3-CO_2-H_2O$ 系统。其蒸馏过程的主要反应与前述过程的加热段相同。

淡液蒸馏塔上部设有冷却水箱，分为两段，下段是淡液，上段是冷却水。淡液在下段被预热，气体在上段被冷却，使部分蒸气冷凝分离，其余气体浓度提高，便于吸收。

（二）氨碱法生产纯碱的特点

氨碱法生产纯碱的技术成熟，原料易得，产品纯度高，价格低廉，纯碱生产过程中的 NH_3 循环使用，损失较小。机械自动化程度高，单套装置产能较大，适合大规模连续化生产，且不受氯化铵市场影响。

该法也有如下缺点：原料利用率低，主要指的是 NaCl，其中的 Cl^- 完全未加利用，而 Na^+ 也仅利用了 75% 左右；大量氯化物的排放对环境的污染很严重；厂址选择有很大的局限性，一般限于环境承受能力较强的海边滩涂等地；石灰制备和氨回收系统设备庞大，能耗较高，流程较长。

针对上述不足和合成氨厂副产 CO_2 的特点，研究人员提出了氨碱两大生产系统组成同一条连续的生产线，用 NaCl、NH_3 和 CO_2 同时生产出纯碱和氯化铵两种产品，即联碱法。

第三章　石油化工工艺

第一节　石油化工概述

石油是一种主要由碳氢化合物组成的复杂混合物。目前石油、天然气和煤同为世界经济发展的基础能源。但是，石油不能直接用作汽车、飞机等交通工具的燃料，也不能直接作为润滑油、溶剂油、工艺用油使用，必须经过炼制，才能成为满足不同使用目的和质量要求的各种石油产品。

石油炼制是指将原油经过分离或反应获得可直接使用的燃料（如汽油、航空煤油、柴油、液化燃料气、重质燃料油等）、润滑油、沥青及其他产品（如石蜡、石油焦等）的过程。

石油加工产品不仅是重要的能源，而且是现代工业、农业和现代国防等领域应用极其广泛的基础原料。由石油进一步加工生产的三烯、三苯、乙炔和萘等作为化学工业的原料或中间体直接涉及人们的衣、食、住、行等，是基本有机化工原料。石油加工工业在国民经济中占有极其重要的作用。

石油化工是推动世界经济发展的支柱产业之一，随着世界经济的发展，低级烯烃的需求呈逐年增加的趋势，而乙烯工业作为石油化工工业的龙头具有举足轻重的地位。

一、原油及其化学组成

石油是一种埋藏在地下的天然矿产资源。其中的烃类化合物和非烃类化合物的相对分子质量为几十到几千，沸点为常温到500℃以上。未经炼制的石油称为原油。在常温下，原油大都呈流动或半流动状态，颜色多是黑色或深棕色，少数为暗绿、赤褐色或黄色。如我国四川盆地的原油是黄绿色的，玉门原油是黑褐色的，大庆原油是黑色的。许多原油由于含有硫化物而产生浓烈的气味。我国胜利油田原油含硫量较高，而大庆、大港等油田原油含硫量则较低。不同产地的原油其相对密度也不相同，一般小于1，在0.8～0.98之间。

原油之所以在外观和物理性质上不同，其根本原因是化学组成不完全相同。原油是由多种元素组成的多种化合物的混合物，其性质是所含的各种化合物的综合表现。石油组成虽复杂，但含有的元素并不多，基本是由碳、氢、硫、氮、氧组成。

石油中最主要的元素是碳元素和氢元素。一般碳元素占83%～87%，氢元素占11%～14%，其余的元素占1%～4%。

除碳、氢、硫、氮、氧五种元素外，有的石油中还可能有氯、碘、砷、磷、硅等微量非金属元素和铁、矾、镍、铜、镁、钛、钴、锌等微量金属元素。这些微量元素的存在，对石油加工过程（尤其是催化加工过程）的影响很大。

石油中的各种元素以碳氢化合物的衍生物形态存在。

二、原油的分类及性质

原油中的烃类一般为烷烃、环烷烃、芳烃，一般不含烯烃和炔烃，只是在石油加工过程中会产生一定数量的烯烃。产地、生成方式不同，原油的组成和性质也不同，这对原油的使用价值、经济效益都有影响。为了合理地开采、输送和加工原油，必须对其进行分析评价，以便根据原油的性质、市场对产品的需求、加工技术的先进性和可靠性等因素，制订经济合理的加工方案。

对原油进行评价的第一步就是对其分类。由于原油的组成极其复杂，确切地进行分类十分困难。一般是按一定的指标将原油进行分类，最常用的是化学分类法，其次是工业分类法。

按化学特性分类，原油大体可分为石蜡基、中间基和环烷基三大类。石蜡基原油一般烷烃含量超过50%，特点是密度小，蜡含量高，凝点高，含硫、胶质和沥青质较少，其生产的直馏汽油的辛烷值较低，柴油的十六烷值较高，大庆原油就是典型的石蜡基原油。环烷基原油的特点是含环烷烃、芳香烃较多，密度大，凝点低，一般含硫、含胶质及沥青质较高，这种原油生产的直馏汽油辛烷值较高，但柴油的十六烷值较低，此类原油的重质渣油可生产高级沥青，孤岛原油就属于这一类。中间基原油的性质介于两者之间，如胜利原油。

三、石油产品分类及加工方案

（一）石油产品分类

石油加工可得到上千种产品。为了与国际标准相一致，我国参照国际标准化组织ISO 8681标准，制定了GB 498-1987标准体系，将石油产品分为六大类。

表 3-1　石油产品总分类

GB498-1987 标准		
序号	类别	各类别含义
1	F	燃料
2	S	溶剂和化工原料
3	L	润滑剂
4	W	蜡
5	B	沥青
6	CV	焦

一是石油燃料占石油产品总量的 90% 以上，其中汽油、柴油等发动机燃料又占主要地位。

汽油根据辛烷值的大小而有不同的牌号，以辛烷值（ON）作为评定其抗爆性能的指标；柴油以凝点作为牌号，以十六烷值衡量其燃烧性能。

二是润滑油由基础油和添加剂组成。基础油分为矿物油、合成油及半合成油；添加剂有清洁分散剂、抗磨剂、抗氧化剂、防锈剂、增黏剂、防凝剂、抗乳化剂等。常用的性能指标有黏度、黏度指数、闪点、凝点、水分、机械杂质、抗乳化性、腐蚀性、氧化安定性等。

三是石油蜡是生产燃料和润滑油的副产品。

四是石油化工产品是石油炼制过程中所得到的石油气、芳香烃以及其他副产品，也是有机合成的基本原料或中间体，有的石油化工产品可直接使用。

（二）加工方法

通常把原油的常减压蒸馏称为一次加工。在一次加工中，将原油用蒸馏方法分离成若干个不同沸点范围的馏分。它包括原油的预处理、常压蒸馏和减压蒸馏，产物为轻汽油、汽油、柴油、润滑油等馏分和渣油。以一次加工产物作为原料再进行催化裂化、催化重整、加氢裂化等过程称为二次加工。将二次加工的气体或轻烃进行再加工称为三次加工，也是生产高辛烷值汽油组分和各种化学品的过程，如烷基化、叠合、异构化等工艺过程。

（三）加工方案

理论上可以用任何一种原油生产出所需的石油产品，但不同油田、油层的原油在组成、性质上会有较大的差异，选择合适的加工方案，可得到最大的经济效益。人们往往根据原油的综合评价结果、市场对产品的需求、加工技术水平等选择原油加工的方案。

原油加工方案可分为三种类型。

1. 燃料型

这类炼油厂生产汽油、喷气燃料、柴油、燃料油等用作燃料的石油产品。这类炼油厂的工艺特点是通过一次加工尽量提取原油中的轻质馏分，并利用裂化和焦化等二次加工工艺，将重质馏分转化为汽油、柴油等轻质油品。

2. 燃料-润滑油型

这类炼油厂除了生产燃料油外，还生产各种润滑油产品。

3. 燃料-化工型

这类炼油厂除生产各种燃料油外，还通过催化重整、催化裂化、芳烃抽提、气体分离等手段制取芳香烃、烯烃等化工原料和产品。

第二节　常减压蒸馏及催化裂化工艺

一、常减压蒸馏

（一）常减压蒸馏概述

原油蒸馏是石油加工的第一步，利用蒸馏的方法能将原油中沸点不同的混合物分开，原油蒸馏装置的处理能力往往被视为一个国家炼油工业发展水平的标志。但是，原油中的重组分的沸点很高，在常压下蒸馏时，需要加热到较高的温度，而当原油被加热到370℃以上时，其中的大分子烃类对热不稳定，易分解，影响产品的质量。因此，在原油蒸馏过程中，为降低蒸馏温度，避免大分子烃的裂解，通常在常减压蒸馏装置中完成原油的蒸馏——依次使用常压、减压蒸馏的方法，将原油按沸点范围切割成汽油、煤油、柴油、润滑油原料、裂化原料和渣油等馏分。所谓减压蒸馏是将蒸馏设备内的气体抽出，提高蒸馏塔内的真空度，使塔内的油品在低于大气压的情况下进行蒸馏，这样，高沸点组分就在低于它们沸点的温度下汽化蒸出。

原油从油田开采出来后，必须先进行初步的脱盐、脱水，以减轻在输送过程中的动力消耗和对管道的腐蚀，但此原油中的盐含量、水含量仍不能满足炼油加工的要求，故一般在进行常减压蒸馏之前，必须对原油进行预处理，脱除其中的盐、水等杂质。

在常压蒸馏塔中，分离出沸点较低的馏分，如拔顶气（$C_1 \sim C_4$）、直馏汽油、航空煤油、煤油、轻柴油（250～300℃馏分）及重柴油（300～350℃馏分）等，而剩余部分从塔底排出进入减压蒸馏塔再蒸馏，以避免温度过高引起烃类裂解或结晶。

减压蒸馏塔一般在真空下（5kPa）操作。由于操作压力低，避免了油品的裂解和结焦。借助此过程，可生产润滑油馏分、催化裂化原料或催化加氢原料等。

（二）常减压蒸馏工艺

1. 原油常减压蒸馏流程

经严格脱盐脱水后的原油换热到230～240℃进入初馏塔，从初馏塔塔顶分出轻汽油馏分或重整原油，其中一部分返回塔顶做顶回流。初馏塔底油（又称拔头原油）经一系列换热后，由泵送入常压加热炉加热到360～370℃后进入常压蒸馏塔。常压蒸馏塔的塔顶分出汽油馏分，侧线分出煤油、轻柴油、重柴油馏分，这些侧线馏分经气提塔气提出轻组分后，送出装置。常压蒸馏塔底油（称为常压重油），一般为原油中的高于350℃的馏分，用泵送至减压炉中。

常压蒸馏塔底重油经减压炉加热到400℃左右送入减压蒸馏塔。塔顶分出不凝气和水蒸气。减压蒸馏塔一般有3～4个侧线，根据炼油厂的加工类型（燃料型和润滑油型）可生产催化裂化原料或润滑油馏分。加工类型不同，塔的结构及操作控制也不一样。润滑油型减压蒸馏塔设有侧线气提塔以调节出油质量并设有2～3个中段回流；而燃料型减压蒸馏塔则无须设气提塔。减压蒸馏塔塔底渣油用泵抽出经换热冷却后出装置，也可根据渣油的组成及性质送至下道工序（如氧化沥青、焦化、丙烷脱沥青等）。

2. 原油蒸馏塔的工艺特征

石油是复杂的混合物，且原油蒸馏产品为石油馏分，因此，原油蒸馏塔有它自身的特点。下面以常压蒸馏塔为例进行讨论。

（1）复合塔结构

原油通过常压蒸馏塔蒸馏可得到汽油、煤油、轻柴油、重柴油、重油等产品，按照多元精馏方法，则需 N-1 个精馏塔才能将原油分割成 N 个组分。当要将原油加工成五种产品时需要将四个精馏塔串联操作。当要求产品的纯度较高时，此方案是必需的。

但在石油的一次加工中，所得产品本身仍是混合物，不需要很纯，故把几个塔合成一个塔，采用侧线采出的方法得到多个产品。这种塔结构称为复合塔。

（2）适当的过气化率

由于常压蒸馏塔不用再沸器，热量几乎完全取决于加热炉的进料温度；气提水蒸气也带入一些热量，但水蒸气量不大，在塔内只是放出显热。因此，常压蒸馏塔的回流比由全塔热平衡决定，变化的余地不大。此外，应注意常压蒸馏塔的进料气化率至少应等于塔顶产品和各侧线产品的产率之和，以过量的气化分率保证蒸馏塔最底侧线以下的板上有液相回流，保证轻质油的产率。

（3）设有气提塔

在常压蒸馏塔内只有精馏段没有提馏段，侧线产品中必然含有许多轻馏分，影响了侧线产品的质量，降低了轻馏分的产率。因此，在常压蒸馏塔外设有侧线产品的气提塔，在气提塔的底部吹入少量过热水蒸气，通过降低侧线产品的油气分压，使混入其中的轻组分汽化、返回常压蒸馏塔，达到分离要求。

（4）恒摩尔流假定不适用

石油中的组分复杂，各组分间的性质相差很大，它们的汽化热也相差很远。所以，通常在精馏塔设计计算中使用的恒摩尔流假定对原油常压蒸馏塔不适用。

3. 减压蒸馏工艺特征

原油中350℃以上的高沸点馏分是润滑油、催化裂化的原料，在高温下会发生分解反应，在常压蒸馏塔的条件下不能得到这些馏分。采用减压可降低油料的沸点，在较低温度下得到高沸点的馏分，故通过减压蒸馏得到润滑油、催化裂化的原料馏分。减少压力的办法是采用抽真空设备，使塔内压力降至10kPa以下。根据生产任务不同，减压蒸馏塔可分为两种类型。

（1）燃料型减压蒸馏塔

该类塔主要生产残炭值低、金属含量低的催化裂化、加氢裂化原料，分离精确度要求不高，要求有尽可能高的提出率。其特点是：可大幅减少塔板数以降低压力降，减小内回流量以提高真空度；汽化段上方设有洗涤段，洗涤段中设有塔盘和捕沫网以降低馏出油的残炭值和重金属含量。

（2）润滑油型减压蒸馏塔

该类塔主要生产黏度合适、残炭值低、色度好、馏程较窄的润滑油馏分，要求拔出率高，且有足够的分离精度。其特点是：塔盘数较一般减压蒸馏塔多（由于塔盘数多会使压力降增大，故采用较大板间距以减低压力降）；侧线抽出较一般减压蒸馏塔多，以保证馏分相对较窄。

所有减压蒸馏塔的共同特点是高真空度、低压力降、塔径大、塔盘少。在降低塔内压力的同时向塔底注入过热水蒸气，以进一步降低油气分压。塔顶一般不出产品，采用顶循环回流以降低压力降。为避免塔底渣油在底部停留时间过长而结焦或分解，底部采用缩径的办法以减少其停留时间。

二、催化裂化工艺

（一）催化裂化概述

催化裂化是重质油在酸性催化剂存在下，在 500℃左右、$1 \times 10^5 \sim 3 \times 10^5 Pa$ 下发生裂解，生成轻质油、气体、焦炭的过程。

1. 催化裂化原料

催化裂化的原料范围广泛，可分为馏分油和渣油两大类。馏分油主要是直馏减压馏分油（VGO），馏程 350～500℃。催化裂化的理想原料是含烷烃较多、含芳香烃较少的中间馏分油，如直馏柴油、减压轻质馏分油或润滑油脱蜡的蜡下油等。这是因为烷烃最容易裂化，轻质油收率高，催化剂使用周期长。而芳香烃不易裂化，且容易生成焦炭，不仅降低轻质油收率，且使催化剂的活性和选择性迅速降低。焦化蜡油、润滑油溶剂、精制抽出油等也可作为催化裂化原料；渣油主要是减压渣油、脱沥青的减压渣油、加氢处理重油等，须加入一定比例减压馏分油进行加工。

2. 催化裂化产品

催化裂化的产品包括气体、汽油、柴油、重质油（可循环做原料）及焦炭。反应条件及催化剂性能不同，各产品的产率和性质也不尽相同。

在一般条件下，气体产率为 10%～20%。其中：含 H_2、H_2S、$C_1 \sim C_4$ 等组分。$C_1 \sim C_2$ 气体称为"干气"，占气体总量的 10%～20%，干气中含有 10%～20% 的乙烯，它不仅可作为燃料，也可作为生产乙苯、制氢等的原料。$C_3 \sim C_4$ 气体称为"液化气"，其中烯烃含量为 50% 左右。

汽油产率为 30%～60%，其研究法辛烷值为 80～90，安定性较好。

柴油产率为 0～40%，十六烷值较直馏柴油低，且安定性很差。须经加氢处理，或与质量好的直馏柴油调和后才能符合轻柴油的质量要求。

3. 催化裂化催化剂

催化剂是一种能够改变化学反应速率且反应后仍能保持组成和性质都不改变的物质。近代流化催化裂化所用的催化剂都是合成微球 Si-Al 催化剂，这类催化剂活性和抗毒能力较强，选择性好。按照分子结构不同分为无定形和晶体两种，主要有：无定形硅酸铝催化剂、晶体催化剂（通常称为分子筛催化剂）。

（二）烃类的催化裂化反应

烃类的催化裂化反应是一个复杂的物理化学过程，其产品数量和质量与反应物料在反应器中的流动状况、原料中各类烃在催化剂上的吸附、反应等因素有关。

1. 催化裂化的化学反应类型

（1）分解反应

分解反应为催化裂化的主要反应，基本上各种烃类都能进行。分解反应是烃类分子中C—C键发生断裂的过程，分子越大越易断裂。

（2）异构化反应

相对分子质量不变只是改变分子结构的反应称为异构化反应。催化裂化过程中的异构化反应较多，主要有如下几种：

①骨架异构：分子的碳链发生重新排列，如直链变为支链、支链位置变化、五环变六环。

②双键移位异构：双键位置从一端移向中间。

③几何异构：分子空间结构变化。

（3）氢转移反应

某些烃类分子的氢脱下加到另一烯烃分子上使之饱和，在氢转移过程中，活泼氢原子快速转移，烷烃提供氢变为烯烃，环烷烃提供氢变成环烯烃，进一步成为芳烃。

①芳构化反应：烯烃环化并脱氢生成芳烃。

②叠合反应：烯烃与烯烃结合成较大分子的烯烃，深度叠合有可能生成焦炭。此反应在催化裂化中不占主要地位。

③烷基化反应：烯烃和芳香烃的加成反应为烷基化反应。在催化裂化中烯烃主要加到双环或稠环芳烃上，又进一步脱氢环化，生成焦炭，但这一反应所占比例不大。

2. 烃类催化裂化反应的特点

石油馏分由各类单体烃组成，它们的性质决定了烃类催化裂化反应的规律。石油馏分的催化裂化反应有两方面的特点。

（1）复杂的平行-连串反应

石油烃类催化裂化反应是一个复杂的平行-连串反应过程，烃类在催化裂化时可以同时进行几个方向的反应——平行反应；同时随着反应深度增加，初始的反应产物又会继续反应——连串反应。

（2）各烃类之间的竞争吸附和对反应的阻滞作用

原料进入反应器后，首先汽化变为气体，气体分子在催化剂活性表面吸附后进行反应。各类烃的吸附能力由强到弱依次是：稠环芳烃>稠环环烷烃>烯烃>单烷基侧链的单环芳烃>单环环烷烃>烷烃。同类型的烃类相对分子质量越大越易吸附。

各类烃类的化学反应速率由快到慢依次是：烯烃>大分子单烷基侧链的单环芳烃>异构烷烃与烷基环烷烃>小分子单烷基侧链的单环芳烃>正构烷烃>稠环芳烃。

可见，稠环芳烃最容易被吸附而反应速率最慢。它们吸附后便牢牢占据大部分活性位，阻止其他烃类的吸附和反应，并由于长时期停留在催化剂表面上，会发生缩合反应而形成焦炭。因此，催化裂化原料中如果稠环芳烃较多，会使催化剂很快失活。环烷烃有一定的反应能力和吸附能力，是催化裂化的理想原料。

（三）影响催化裂化的主要因素

烃类催化裂化反应是一个气–固多相催化反应，其反应包括如下七个步骤：

一是反应物由主气流扩散到催化剂外表面；

二是反应物沿着催化剂微孔由外表面向内表面扩散；

三是反应物在催化剂表面上吸附；

四是被吸附的反应物在催化剂表面发生反应；

五是产物从催化剂内表面上脱附；

六是产物沿着催化剂微孔由内表面向外表面扩散；

七是产物从催化剂外表面向主气流扩散。

整个催化反应速率取决于各步的速率，速率最慢的一步则为整个反应的控制步骤。一般，催化裂化反应为表面反应控制。影响催化裂化的主要因素如下：

1. 催化剂

提高催化剂的活性有利于提高化学反应速率，在其他条件相同时，可以得到较高的转化率。提高催化剂的活性也利于促进氢转移和异构化反应。

2. 反应温度

反应温度对反应速率、产品分布和产品质量都有极大的影响。温度提高则反应速率加快，转化率增大。由于催化裂化为平行–连串反应，而反应温度对各类反应的速率影响程度不一样，其结果是使产品分布和质量发生变化。在转化率相同时，反应温度升高，汽油和焦炭产率迅速增加。

由于提高温度会促进分解反应，而氢转移反应速率提高不大，因此，产品中的烯烃和芳香烃有所增加，汽油的辛烷值会有所提高。实际上，选择反应温度应根据生产实际需要和经济合理性来确定，一般工业生产装置采用的反应温度为460～520℃。

3. 反应压力

反应压力对催化裂化过程的影响主要是通过油气分压来体现的。有实验数据表明，当其他条件不变时，提高油气分压，可提高转化率，但同时也增加了原料中重组分和产物在催化剂上的吸附量，焦炭产率上升，汽油产率下降，液化气中的丁烯产率也相对减少。在实际生产中，压力一般固定不变，不作为调节指标。目前采用的反应压力为 0.1～0.4 MPa（表压）。

4. 反应时间

在床层反应中，一般用空间速度（简称空速）来表明原料与催化剂接触时间的长短。

$$空速 = \frac{反总进料量}{反应器分布板上催化剂量} \quad (h^{-1}) \qquad (3-1)$$

空速越大，则原料与催化剂接触时间越短，反应时间也越短。由于提升管催化裂化采用了高活性分子筛催化剂，一般反应时间为 1～4s 即可使进料中非芳烃全部转化。反应时间过长会引起汽油、柴油的再次分解，因此，为了避免二次分解，通常在提升管出口处设有快速分离装置。

5. 剂油比

催化剂循环量与总进料量之比称为剂油比，用"C/O"表示。剂油比增加，可以提高转化率，但会使焦炭产率提高。这主要是催化剂循环量增大，使气提段负荷增加，气提效率下降所致。因此，生产上常采用剂油比调节焦炭产率，一般工业上所用剂油比为 5～10。

（四）催化裂化工艺流程

催化裂化装置一般由反应-再生系统、分馏系统和吸收-稳定系统三部分组成，在处理量较大、反应压力较高的装置中常常还有再生烟气能量回收系统。

1. 反应-再生系统

工业生产中的反应-再生系统在流程、设备、操作方式等方面多种多样。

新鲜原料经换热后与回炼油混合经加热炉预热至 200～400℃后，由喷嘴喷入提升管反应器底部与高温再生催化剂（600～750℃）接触，随即汽化并反应。油气与雾化蒸汽及预提升蒸汽一起以 4～7 m·s⁻¹ 的高线速通过提升管出口，经过快速分离器进入沉降器，携带少量催化剂的油气与蒸汽的混合气体经两级旋风分离器，分离出催化剂后进入集气室，从沉降器顶部出口去分馏系统。

经快速分离器分出的积有焦炭的催化剂（称为待生催化剂）由沉降器下部落入气提段，底部吹入过热水蒸气置换出待生催化剂上吸附的少量油气，再经过待生斜管以切线方式进入再生器。再生用的空气由主风机供给，再生器维持 0.137～0.177MPa（表压）的顶部压力，床层线速为 0.8～1.2m·s⁻¹。烧焦后含 C 量降至 0.2%以下的再生催化剂经溢流管和再生斜管进入提升管反应器，构成催化剂循环。

反应-再生系统中除了有与炼油装置类似的温度、压力、流量等自由控制系统外，还有一套维持催化剂循环的较复杂的自动控制和发生事故时的自动保护系统。

2. 分馏系统

由沉降器（反应器）顶部出来的 460～510℃ 的产物从分馏塔下部进入，经装有挡板的脱过热段后自下而上进入分墙段，分割成几个中间产品：塔顶为汽油和催化富气，侧线有轻柴油、重柴油（也可以不出重柴油）和回炼油，塔底产品是油浆。轻柴油和重柴油分别经气提、换热后出装置。塔底油浆可循环回反应器进行回炼，也可以直接出装置。为了取走分馏塔的过剩热量，设有塔顶循环回流和中段回流及塔底油浆循环回流。

与一般分馏塔相比，催化裂化分馏塔有如下特点：

进料是携带有催化剂粉末的 450℃ 以上的过热油气，必须先把它冷却到饱和状态并洗去夹带的催化剂，为此，在塔的下部设有脱过热段，其中装有"人"字形挡板。塔底循环的冷油浆从挡板上方返回，与从塔底上来的油气逆向接触，达到洗涤粉尘和脱过热的作用。

由于产品的分离精度不是很高，容易满足，而且全塔剩余热量大，因此，设有四个循环回流取热。又由于中段循环回流和循环油浆的取热比较大，使塔的下部负荷比上部负荷大，所以塔的上部采用缩径。

塔顶部采用循环回流而不用冷回流，主要由于进入分馏塔的油气中有相当数量的惰性气体和不凝气体，会影响塔顶冷凝器的效果。采用顶循环回流可减轻这些气体的影响。又由于循环回流抽出温度较高，传热温度差大，可减小传热面积和降低水、电消耗。此外，采用塔顶循环回流以代替冷回流还可降低由分馏塔顶至气压机入口的压力降，从而提高气压机的入口压力。

3. 吸收-稳定系统

从分馏塔顶油气分离器出来的富气中带有汽油组分，而粗汽油中则溶有 C_3、C_4。吸收稳定系统是用吸收和精馏的方法，将富气和粗汽油分离成干气、液化气（C_3、C_4）和蒸汽压合格的稳定汽油。

从汽油分离器出来的富气经气压机压缩，经冷却分离出凝缩油后从塔底进入吸收塔。稳定汽油和粗汽油作为吸收油从塔顶进入，吸收 C_3、C_4 的富吸收油从塔底抽出送入解吸塔。吸收塔顶出来的贫气（夹带少量汽油），经再吸收塔用轻柴油吸收其中的汽油成分，塔顶干气送至瓦斯管网。

含有少量汽油组分的富吸收油和凝缩油在解吸塔中解吸出 C_2 组分后，得到脱乙烷油。

塔底设有再沸器以提供热量，塔顶出来 C_2 组分经冷却与压缩富气混合返回压缩富气中间罐，重新平衡后进入吸收塔。脱乙烷油中的 C_2 含量应严格控制，否则进入稳定塔后会恶化塔顶冷凝器的效果及由于排出不凝气而损失 C_3、C_4。

稳定塔实际是精馏塔，脱乙烷油进入其中后，塔顶产品是液化气，塔底是蒸气压合格的汽油（稳定汽油）。有时为了控制稳定塔的操作压力，要排出部分不凝气体。

各种反应器形式的催化裂化装置的分馏系统和吸收稳定系统几乎是相同的，只是在反应再生系统中有些区别。

第三节　催化重整及石油化工工艺

一、催化重整

（一）催化重整概述

催化重整是石油加工工业主要的工艺过程之一。它是以石脑油为原料生产高辛烷值汽油及轻芳烃（苯、甲苯、二甲苯，简称 BTX）的重要过程，同时，也副产相当数量的氢气。催化重整汽油是无铅高辛烷值汽油的重要组分。催化重整装置能为化纤、橡胶、塑料和精细化工行业提供原料（如苯、二甲苯、甲苯）；为交通运输行业提供高辛烷值汽油；为化工提供重要的溶剂油以及大量廉价的副产纯氢（75%～95%）。因此，重整装置在石油化工联合企业生成过程中占有十分重要的地位。

（二）催化重整化学反应

催化重整是在催化剂存在下，烃类分子结构发生重新排列、转变为相同 C 原子数的芳烃，成为新的分子化合物的工艺过程。催化重整的主要目的是生产芳烃或高辛烷值的汽油，同时副产高纯氢。

由于氢气的存在，在催化重整条件下，烃类都能发生加氢裂化反应，从而可以认为加氢、裂化和异构化三者是并行反应。

这类反应为不可逆放热反应，反应产物中会有许多较小分子和异构烃，既有利于提高辛烷值，又会产生气态烃，因此，应该适当抑制此类反应。在工业催化重整的条件下这类反应的速率最慢，只有在高温、高压和低空速时反应才显著加速。

除了以上各种主要反应外，还可以发生叠合缩合反应，也会生成焦炭使催化剂活性降低。但在较高氢压下，可使烯烃饱和而控制焦炭生成，从而较好地保持催化剂的活性。

重整催化剂是一种双功能催化剂，其中铂构成脱氢活性中心，促进脱氢或加氢反应，而酸性载体提供酸性中心，促进裂化或异构化反应。重整催化剂的这两种功能在反应过程中有机地配合，并应保持一定的平衡，否则就会影响到催化剂的活性或选择性。

（三）催化重整原料

重整催化剂比较昂贵，且容易被砷、铅、氮、硫等杂质污染而中毒并失去活性，为了保证重整装置长期运行以达到高的生产效率，必须选择适当的原料并进行预处理。

1. 重整原料的选择

重整原料的选择主要有三个方面的要求，即馏分组成、族组成、毒物及杂质含量。

2. 重整原料的预处理

重整原料的预处理主要包括两部分，即预分馏、预加氢，如果原料中砷过高则还需要预脱砷，有时也须进行脱水处理。

（1）预分馏

预分馏的作用是根据重整产物的要求将原料切割为一定沸点范围的馏分。在预分馏过程中也同时会脱除原料中的部分水分。

根据原油馏程的不同，预分馏的切割方式分为以下三种：

①原油的终馏点适宜而初馏点过低，取预分馏塔的塔底油做重整原料。

②原油的初馏点适宜而终馏点过高，取预分馏塔的塔顶油做重整原料。

③原油初馏点过低而终馏点过高，均不符合要求，则取预分馏塔的侧线产品作为重整原料。

（2）预加氢

预加氢的主要目的是除去重整原料中的含硫、含氮、含氧化合物和其他毒物，如砷、铅、铜、汞、钠等以保护重整催化剂。

预加氢是在钼酸钴或钼酸镍等催化剂和氢压条件下，使原油中的含硫、含氮、含氧化合物进行加氢反应而分解成硫化氢、氨和水，然后在气提塔中除去。原料中的烯烃生成饱和烃，原料中的含砷、铅、铜、汞、钠等化合物在加氢条件下分解，砷和金属吸附在加氢催化剂上。

氮原子化合物的脱除速度较脱硫、脱氧慢。加氢进行的深度是以进料中含氮化合物脱除的程度为基准的，若含氮化合物脱除完全，则其他对铝有毒的物质可完全除尽。此外预加氢中还会发生烯烃饱和反应和脱卤素反应。

（3）预脱砷

砷是重整原料的严重毒物，重整原料的含砷量要求低于 1×10^{-9}，当原料中的含砷量小于 100×10^{-9} 时，可以不经过预脱砷，只需要经过预加氢即可达到允许的含砷量。例如，我国的大庆原油的重整馏分含砷量高，须预脱砷；而大港原油和胜利原油的重整馏分则不须经过此步骤。

目前工业上使用的预脱砷的方法有吸附脱砷、氧化脱砷和加氢脱砷三种。

（4）脱水

铂铼重整催化剂要求原料中水的含量小于 6×10^{-6}，而上述方法处理过的原料还不能满足要求。为了制备超干的铂铼重整原料，须采用蒸馏脱水。预加氢生成油换热至170℃进入脱水塔，塔底有再沸炉将塔底油中的一部分加热汽化再返回塔内以提高塔底温度，塔顶中吹入少量循环氢气以提高脱水效果。蒸馏脱水塔的下部液相负荷一般较大，所以，设计时应考虑下部扩径。采用蒸馏脱水的同时还应在此步骤后设分子筛吸附干燥以保证进料中水含量小于 5×10^{-6}。

（四）催化重整工艺流程

催化重整过程除原料预处理外，还包括重整、芳烃抽提、芳烃精馏三个主要部分。

1. 重整

经预处理的原油与循环氢混合，再经过换热后进入加热炉，加热到一定的程度进入重整反应器。重整反应器为固定床反应器，由于芳构化等反应为强吸热反应，为了保证反应所需温度，在反应过程中须不断补充热量。因此重整反应器由3～4个固定床反应器串联组成，反应器之间设有加热炉加热。

重整过程中若存在裂解反应会生成少量烯烃，如不采取适当措施则会混入芳烃影响产品纯度，因此，工艺设置了后加氢反应器，用来饱和产品中的烯烃，使之易于同芳烃分离。后加氢催化剂多用钼酸钴或铜酸铁，选择性地加氢使烯烃饱和而维持较高的芳烃收率。从后加氢反应器出来的产物经换热、冷却后进入高压分离器分离出气体中85%～95%（体积分数）的氢气。大部分氢气经压缩机升压后做循环氢使用，少部分不经压缩机直接作为原料的预加氢气。分离出的重整产物进入稳定塔，分离出的少于五个C的轻组分经冷凝器进入液气分离罐，分出燃料气和液态烃。稳定塔的重整产物进入芳烃抽提系统。如果使用以生产高辛烷值汽油为目的产物的重整装置，则无须设置后加氢装置和芳烃抽提。

2. 芳烃抽提

芳烃抽提系统一般包括抽提、溶剂回收和溶剂再生三个主要部分。

（1）抽提

自重整系统稳定塔底出来的重整生成油，经加热到118～128℃进入抽提塔的中部，含水约8%的贫溶剂二乙二醇醚从塔顶部进入，溶剂与油在塔内逆向接触。溶剂自上而下通过筛板小孔形成分散相；油自下而上呈连续相，溶剂溶解油中的芳烃从塔底流出。塔下段打入回流芳烃（含芳烃70%～80%，其余为戊烷），其作用是将溶剂中溶解的少量重质非芳烃置换出来，使塔底流出的富溶剂（抽提液）中不含重质非芳烃，保证芳烃产品的高纯度。非芳烃从塔顶流出，其中含有少量的溶剂和芳烃。

（2）溶剂回收

从抽提塔底出来的抽提液进入气提塔顶部的闪蒸段，蒸发出部分芳烃、非芳烃和水，经冷凝分出水后作为回流芳烃打入抽提塔下段。闪蒸段底部的液体自流进入气提塔上部，气提塔内装有塔盘，溶剂和芳烃在常压下沸点相差很大，易进行分离。为了防止二乙二醇醚分解，在气提塔下部通入水蒸气气提以降低芳烃的分压，使之在较低的温度下蒸发出来。气提塔顶部蒸出的物料经冷凝冷却分出水后与闪蒸段顶部物流一起作为抽提塔下段回流芳烃。

芳烃产品自气提塔侧线引出，经冷凝冷却脱水后去芳烃水洗塔。在水洗塔中用水溶解芳烃和非芳烃中的二乙二醇醚以减少溶剂的损失。芳烃水洗塔的用水量一般为芳烃量的30%，水温40℃左右，压力为0.5MPa左右，洗后的水进入非芳烃水洗塔继续使用。从非芳烃水洗塔出来的水送到水分馏塔。水分馏塔在常压下操作，塔顶蒸出的水采用全回流以便使夹带的清油排出。大部分不含油的水从塔的侧线抽出，冷却后作为水循环使用。其循环路线是：水分馏塔→芳烃水洗塔→非芳烃水洗塔→水分馏塔。

（3）溶剂再生

二乙二醇醚在使用过程中因高温以及氧化会生成大分子的叠合物或有机酸，这些物质是黏稠的悬浮物，易堵塞和腐蚀设备，同时也会降低溶剂的使用效能。为了保证溶剂的质量，一方面要常加入单乙醇胺，中和生成的有机酸，使溶液的pH值维持在7.5～8.0；另一方面，从气提塔底部抽出的贫溶剂中引出一部分再生。再生塔是在减压（约2.7MPa）下将溶剂蒸馏一次，使之与生成的大分子叠合物分离。减压蒸馏的目的是避免在高于溶剂的分解温度下操作。

3. 芳烃精馏

芳烃混合物被加热到90℃左右后，进入苯蒸馏塔的中部，塔底重沸器用热载体加热到130～135℃。塔顶产物经冷凝冷却至40℃左右进入回流罐，沉降脱水后打入苯蒸馏塔塔顶做回流。产品苯从侧线抽出，经换热冷却后进入成品罐。

苯蒸馏塔塔底芳烃用泵抽出打至甲苯蒸馏塔中部，塔底再沸器用热载体加热到155℃

左右，甲苯蒸馏塔塔顶馏出的甲苯经冷凝冷却后进入回流罐，一部分做甲苯蒸馏塔塔顶回流，另一部分去甲苯成品罐。甲苯蒸馏塔塔底芳烃用泵抽出打入二甲苯蒸馏塔的中部，塔底芳烃经再沸器用热载体加热，控制塔第 8 层温度为 160℃ 左右，塔顶馏出的二甲苯经冷凝冷却后进入二甲苯回流罐，一部分做二甲苯蒸馏塔塔顶回流，另一部分去二甲苯成品罐。二甲苯蒸馏塔所蒸馏得到的产物是间位、对位邻位二甲苯及乙苯的混合物，它们之间的沸点差很小，分离比较困难，必须借助多层塔板和大回流比精馏塔将乙苯与邻二甲苯分开，然后再采用其他方法如冷冻分离、吸附分离等将间位、对位二甲苯分开。

二、石油化工

（一）烯烃的生产

石油化工是推动世界经济发展的支柱产业之一。低碳烯烃中的乙烯、丙烯及丁烯等因为结构中存在双键，能够聚合或与其他物质发生氧化、聚合反应而生成一系列重要的产物，是"三大合成"（合成树脂、合成纤维及合成橡胶）的基本有机化工原料，从而在石油化工中有着重要的地位。随着炼油和石油化工行业的不断发展，高品质汽油和低碳烯烃的需求不断增加。随着石油化工行业竞争的加剧，各乙烯厂商在技术创新上加强了力度，改进现有乙烯生产技术，提高选择性、降低投资、节能降耗是乙烯生产技术发展的总趋势。

1. 烯烃生产原料

烯烃生产一般可用天然气、炼厂气、直馏汽油、柴油甚至原油作为原料。在高温下，烃类分子的碳链发生断裂并脱氢生成相对分子质量较小的烯烃和烷烃，同时还有苯、甲苯等芳烃以及少量炔烃生成。裂解原料和裂解条件不同，裂解产物也不相同。烯烃生产多使用汽油和柴油馏分。

乙烯原料是影响乙烯生产成本的重要因素，以石脑油和柴油为原料的乙烯装置，原料在总成本中所占比例高达 70%～75%。乙烯作为下游产品的原料，对下游产品生产成本的影响同样显著，例如在聚乙烯生产成本中所占比重高达 80% 左右。因此，乙烯原料的选择和优化是降低乙烯生产成本、提高乙烯装置竞争力的重要环节，也是提高石油化工产品市场竞争力的关键。目前，乙烯生产原料逐步向轻质化和优质化方向发展。

2. 烃类热裂解反应原理

烃类热裂解反应十分复杂，已知的化学反应有脱氢、断链、二烯合成、异构化、脱氢环化、脱烷基、叠合、歧化、聚合、脱氢交联和焦化等。按反应进行的先后次序可以划分为一次反应和二次反应。一次反应即由原料烃类热裂解生成乙烯和丙烯的低级烯烃的反应；二次反应主要是指由一次反应生成的低级烯烃进一步反应生成多种产物，直至最后生成焦和碳的反应。

各种烃类热裂解反应的规律是：直链烃热裂解易得到相对分子质量较小的低级烯烃，烯烃收率高；异构烃比同碳原子直链烃的烯烷收率低；环烷烃热裂解主要生成芳烃；芳烃不易裂解为烯烃，易发生缩合反应；烯烃裂解易得低级烯烃和少量二烯烃。

3. 裂解工艺

裂解反应是体积增大、反应后分子数增多的反应，减压对反应有利。裂解反应也是吸热反应，需要供给大量热量。为了抑制二次反应，使裂解反应停留在适宜的裂解深度上，必须控制适宜的停留时间，温度越高，停留时间越短。

目前，工业上一般采用的裂解设备是管式裂解炉，其实质是外部加热的盘管反应器，炉内装有双面辐射加热的单排管炉，这样可以提高炉管受热的均匀性，并可以提高热强度。为了增加炉管数量通常可采用多组炉管的双室炉，每组炉管由若干炉管（412 根）组成，彼此用 U 形管连接。现代裂解炉侧壁上装有无焰火嘴或炉底装有焰火嘴，原料通过炉管外部明火加热可达 800～1000℃左右，使原料发生裂解，得到烯烃。一般裂解炉管长为 6～16m，直径为 76～150mm，材料为 $Cr_{25}Ni_{20}$、$Cr_{25}Ni_{35}$。裂解炉是乙烯生产的关键设备。

4. 裂解炉技术

裂解炉技术是影响乙烯生产能耗和物耗的关键技术之一。

（1）混合元件辐射炉管技术

高性能炉管乙烯裂解炉要求具有良好的热效率并且抗结焦。已经开发出许多抗结焦技术，包括改进内表面或者向进料中添加抗结焦化合物。混合元件辐射炉管技术（MERT）则是采用整体焊接在炉管内的螺旋元件，通过改进炉管的几何形状，导入螺旋流，改变内部流动状况来改善炉管热效率和抗结焦性能。

（2）SL 大型乙烯裂解炉技术

目前，乙烯裂解炉的规模继续向大型化方向发展。应用大型裂解炉，可以减少设备台数，缩小占地面积，从而降低整个装置的投资；同时，也可减少操作人员，降低维修费用和操作费用，更有利于装置优化控制和管理，降低生产成本。由中国石化集团和 Lummus 公司合作开发的年生产能力为 0.1Mt 的大型乙烯裂解炉现已被正式命名为 SL 型裂解炉，这是目前我国单炉生产能力最大的乙烯裂解炉。

（3）SRT-X 型新型裂解炉

迄今为止，乙烯工业已设计出采用双炉膛原理的年生产能力为 0.2～0.24 Mt 的裂解炉。双炉膛方法虽然能提供较高的生产能力，但不能大幅度压缩投资。Lummus 公司依据新的裂解炉设计概念开发了一种 SRT-X 型新型裂解炉。该裂解炉结构发生根本变化，单台裂解炉的年生产能力超过 0.3Mt（单炉膛），高能力的裂解炉减少了投资和操作费用，裂解区投资额可减少 10%，该区域的投资约占装置界区内投资额的 30%，裂解区长度也缩短了 35%。

（4）减轻裂解炉管结焦技术

乙烯裂解炉结焦会严重降低产品收率，缩短运转周期，增加能耗。在裂解炉中，焦沉积在炉管壁上并降低从裂解炉到反应气体的传热效率，必须定期清焦，通常采用蒸气-空气混合控制燃烧法和机械方式除焦。

AIMM 技术公司开发出一种被称为"Hydrokinetics"的先进的管道清洁专有技术。这项技术运用了声波共振原理，与传统的高压水洗、烘烤、化学清洗、打钻、擦洗等清洁方法相比，是一种高效、低成本、更安全的清洁管道污垢的方法。

现有几种减轻结焦的方法，包括耗资巨大的冶金改进和添加结焦抑制剂的方法，后者有可能对下游设备产生不利影响。最近开发出多种抑制结焦的方法，如在炉管被安装到裂解炉之前涂在辐射盘管上的涂层材料。在裂解炉管的内表面安装一种螺旋式混合元件，改善气体流动行为和热量传递，也是最近提出的一种减缓结焦的技术。

5. 裂解气净化分离

为脱除裂解气中的酸性气体、水分等杂质，在进入深冷分离系统之前须进行净化处理。常采用的分离流程有顺序分离、前脱丙烷和前脱乙烷流程。根据加氢脱炔反应，在脱甲烷塔前或后，又可分为前加氢和后加氢流程。

裂解产物经过急冷温度下降，裂解反应终止。裂解产物呈液态和气态两种形式，液态产物称为焦油，主要含有芳烃和含 C 原子数不少于五个的烃类；气态产物主要为氢气、甲烷、乙烯、丙烯、丁烯和相应的小分子烷烃。由于裂解气成分复杂，其中大多数为有用的组分，但也有如 H_2S、N_2、CO_2 等有害成分以及微量炔烃和一定量的水分，如果不进行分离，很难加以直接利用。尤其是在合成高分子聚合物时，烯烃的纯度要求在 99.5% 以上，因此必须进行分离。

首先裂解气经过压缩，压力达 1MPa 后送入碱洗塔，脱去 H_2S、CO_2 等酸性气体并干燥，然后进行各组分分离。分离方法通常有两种。

（1）深冷分离法

有机化工把冷冻温度低于 -100℃ 的冷冻称为深度冷冻，简称"深冷"。在裂解气分离中就是采用 -100℃ 以下的深冷系统，工业上称为深冷分离法。此法分离原理是利用裂解气中各种烃类相对挥发度不同，在低温和高压下除了氢气和甲烷外，其余都能冷冻为液体，然后在精馏塔中进行多组分精馏，将各个组分逐个分离，其实质是冷凝精馏过程。其步骤是先把裂解气压缩 3～4MPa 并脱去重组分 C_5 后，冷冻到-100℃左右，送入甲烷塔，将甲烷和氢气以外的烃类冷凝液从塔底抽出后再顺序进入 C_2、C_3 等精馏塔，各塔底部均有加热，顶部均有冷冻，通过这样的办法将乙烯、乙烷、丁烯、丁烷及少量 C_5 分离出来。

（2）吸收精馏法

由于深冷分离法耗冷量大，而且需要耐低温钢材，成本高。为了节省冷量，少用合金钢材，把分离温度提高到-70℃，可采用吸收精馏法。

吸收精馏法用 C_3、C_4 做吸收剂，故又称为油吸收分离法。在吸收过程中，比乙烯重的组分均能被吸收，而甲烷、氢气几乎不能被吸收。吸收下来的 C_3、C_4 等烃类再采用精馏法将其逐一分离。所以，吸收精馏法实质是中冷吸收代替深冷脱甲烷和氢气的过程，冷冻温度从-100℃提高到-70℃，节约了成本，是吸收与精馏相结合的方法，也称为中冷油吸收法。

吸收精馏法与深冷分离法相比，吸收精馏法流程简单、设备少，所用冷量少，需要耐低温钢材少，投资少、见效快，适合组成不稳定的裂解气和小规模生产。缺点是吸收精馏法动力消耗大，产品质量和收率较深冷分离法要低。

（二）烯烃的利用

1. 乙烯系列

乙烯具有非常广泛的用途，它在国民经济中占有重要地位，下面简要介绍以乙烯为原料生产有机化工产品的流程。

环氧乙烷是石油化工领域需要量最多的中间产品之一，其主要用途是制乙二醇和涤纶、树脂的原料。乙二醇主要用于生产汽车防冻剂、炸药，还可用来生产聚酯树脂、纤维和薄膜等。用环氧乙烷还可以生产表面活性物质、乙醇胺以及某些类型的橡胶。

环氧乙烷的主要制法有氯醇法和乙烯直接氧化法。氯醇法是使乙烯与氯和水发生反应生成氯乙醇，然后以碱液处理得到环氧乙烷的方法，其主要反应式为：

$$CH_2=CH_2 \xrightarrow[-HCl]{H_2O+Cl_2} \underset{OH\quad Cl}{CH_2-CH_2} \xrightarrow{-HCl} \underset{O}{CH_2-CH_2} \tag{3-2}$$

此法的优点是可用石油裂解气为原料，得到环氧乙烷的同时可得到环氧丙烷；缺点是耗氯量与耗碱量大，设备腐蚀严重。

乙烯直接氧化法是用乙烯（纯度大于 95%）与空气混合，在温度 200～300℃，1～

1.2 MPa 下通过银催化剂氧化得到环氧乙烷，主要副产物是二氧化碳和水，并有少量甲醛和乙醛生成，该反应为强放热反应，反应式为：

$$CH_2=CH_2 \xrightarrow{\frac{1}{2}O_2} H_2C\!\!-\!\!CH_2 \quad \Delta H=+117kJ\cdot mol^{-1} \tag{3-3}$$
（O桥）

$$CH_2=CH_2 \xrightarrow{3O_2} 2CO_2+2H_2O \quad \Delta H=+1410kJ\cdot mol^{-1} \tag{3-4}$$

乙二醇在 180~200℃，2~2.4MPa 下，由环氧乙烷水合得到，反应式为：

$$H_2C\!\!-\!\!CH_2 + H_2O \rightarrow \begin{array}{c} CH_2\!\!-\!\!CH_2 \\ | \quad\;\; | \\ OH \quad OH \end{array} \tag{3-5}$$

同时生成二甘醇和三甘醇，反应式为：

$$\begin{array}{c} CH_2\!\!-\!\!CH_2 \\ | \quad\;\; | \\ OH \quad OH \end{array} + H_2C\!\!-\!\!CH_2 \rightarrow \begin{array}{c} CH_2CH_2OCH_2CH_2 \\ | \qquad\qquad | \\ OH \qquad\quad OH \end{array} \tag{3-6}$$

$$\begin{array}{c} CH_2CH_2OCH_2CH_2 \\ | \qquad\qquad | \\ OH \qquad\quad OH \end{array} + H_2C\!\!-\!\!CH_2 \rightarrow \begin{array}{c} CH_2CH_2O\!\!-\!\!CH_2CH_2\!\!-\!\!OCH_2CH_2 \\ | \qquad\qquad\qquad\qquad\qquad | \\ OH \qquad\qquad\qquad\qquad OH \end{array} \tag{3-7}$$

改变水合条件可调节乙二醇收率。

2. 丙烯系列

（1）丙烯

丙烯是乙烯生产过程中的副产品，丙烯同样能作为中间体生产许多石油化工产品，是仅次于乙烯的重要有机化工原料。

（2）丙烯腈

丙烯腈是一种无色、可燃、流动性的毒性液体，化学性质活泼，是生产合成纤维、橡胶和塑料最重要的单体。其主要用途如下：

①均相聚合生成聚丙烯腈（PAN 合成纤维）。

②与丁二烯、苯乙烯等共聚生成 ABS 树脂、丁腈橡胶等。

③电解加氢二聚生成 NC（CH$_2$）$_4$CN。

目前世界上绝大部分丙烯腈是由丙烯氨氧化得到，生成的副产物主要有氢氧酸、乙腈、甲烷、二氧化碳、丙烯酸和少量的聚合物、乙醛。

原料除丙烯外，还需要氨和空气或工业氧气。此外，为了稀释混合物，需要加入水蒸气。反应催化剂是载于硅胶、硅藻土、偏硅酸等上面的钼、钴、锡等的氧化物，如

$Bi_2MO_2O_{12}$。由于是放热反应，需要及时移走热量，工业上现采用流化床反应器以克服固定床反应器传热差、催化剂床层温度不均匀以及需要定期更换催化剂的缺点。

（3）丙酮和甲乙酮

丙酮是一种无色透明、易挥发、易燃的液体，带有芳香味，相对密度为 0.79，熔点为 -94.6℃，沸点为 56.1℃。丙酮能与水及许多溶剂混合，对油脂、树脂、乙酸纤维素溶解能力很强，在化学工业、纤维工业、涂料工业上广泛地用作溶剂。丙酮生产方法较多，主要有异丙醇法、异丙苯法、丙烯氧化法。

有机玻璃、焕酮法合成橡胶、聚碳酸酯、乙酸纤维素等的生产原料都离不开丙酮。此外，在清漆涂料、喷漆的调和及无烟火药制造时，丙酮也是不可缺少的。

甲乙酮为甲基乙基酮的简称，又称为 2-丁酮。甲乙酮沸点适中，溶解性能好，挥发速度快，无毒，在工业上有广泛用途。可用作硝基纤维、乙烯基树脂、丙烯酸树脂、醇酸树脂、环氧树脂及其他合成树脂的溶剂，又可用于黏合剂，如作为聚氨甲酸酯、丁腈橡胶、氯丁橡胶等为原料的黏合剂。还可用于洗涤剂、润滑油脱蜡剂、硫化促进剂和反应中间体等。

3. 丁烯系列

丁烯为 C_4 烯烃，是分子式为 C_4H_8 的单体烯烃异构体及丁二烯的统称。丁烯没有天然来源，主要来自催化裂化及乙烯生产时的裂解气，可进行加成、聚合、取代等多种化学反应，是现代石油化工重要的基础原料。

第四章　化工产品生产与安全技术

第一节　化工产品生产工艺操作与安全

2009 年 6 月，国家下发了《国家安全监管总局关于公布首批重点监管的危险化工工艺目录的通知》（安监总管三〔2009〕116 号），公布了首批重点监管的危险化工工艺目录如下：光气及光气化工艺、电解工艺（氯碱）、氯化工艺、硝化工艺、合成氨工艺、裂解（裂化）工艺、氟化工艺、加氢工艺、重氮化工艺、氧化工艺、过氧化工艺、氨基化工艺、磺化工艺、聚合工艺、烷基化工艺、煤气化及煤化工新工艺、电石生产工艺、偶氮化工艺。

下面仅选取部分重点监管的危险化工工艺加以说明。

一、合成氨生产工艺操作与安全

（一）合成氨生产工艺概述

1. 产品用途

氨主要用于制造氮肥和复合肥料，氨作为工业原料和氨化饲料，我国的用量约占世界产量的 12%。硝酸、各种含氮的无机盐及有机中间体、磺胺药、聚氨酯、聚酰胺纤维和丁腈橡胶等都须直接以氨为原料。液氨常用作制冷剂。

2. 工艺过程简述

（1）原料气制备

将煤和天然气等原料制成含氢和氮的粗原料气。对于固体原料煤和焦炭，通常采用气化的方法制取合成气；渣油可采用非催化部分氧化的方法获得合成气；对气态烃类和石脑油，工业中利用二段蒸汽转化法制取合成气。

（2）净化

对粗原料气进行净化处理，除去氢气和氮气以外的杂质，主要包括变换过程、脱硫脱碳过程以及气体精制过程。

①一氧化碳变换过程

合成氨生产中，各种方法制取的原料气都含有 CO，其体积分数一般为 12%～40%。合成氨需要的两种组分是 H_2 和 N_2，因此需要除去合成气中的 CO。反应式为：

$$CO+H_2O \rightarrow H_2+CO_2 \qquad (4-1)$$

由于 CO 变换过程是强放热过程，必须分段进行，以利于回收反应热，并控制变换段出口残余 CO 含量。一般分两步：第一步是高温变换，使大部分 CO 转变为 CO_2 和 H_2；第二步是低温变换，将 CO 含量降至 0.3%左右。因此，CO 变换反应既是原料气制造的继续，又是净化的过程，为后续脱碳过程创造条件。

②脱硫脱碳过程

各种原料制取的粗原料气，都含有一些硫和碳的氧化物，为了防止合成氨生产过程催化剂的中毒，必须在氨合成工序前加以脱除，以天然气为原料的蒸汽转化法，第一道工序是脱硫，用以保护转化催化剂，以重油和煤为原料的部分氧化法，根据一氧化碳变换是否采用耐硫的催化剂来确定脱硫的位置。工业脱硫方法种类很多，通常是采用物理或化学吸收的方法，常用的有低温甲醇洗法、聚乙二醇二甲醚法等。

粗原料气经 CO 变换以后，变换气中除 H_2 外，还有 CO_2、CO 和 CH_4 等组分，其中以 CO_2 含量最多。CO_2 既是氨合成催化剂的毒物，又是制造尿素、碳酸氢铵等氮肥的重要原料。因此，变换气中 CO_2 的脱除必须兼顾这两方面的要求。一般采用溶液吸收法脱除 CO_2。

③气体精制过程

经 CO 变换和 CO_2 脱除后的原料气中尚含有少量残余的 CO 和 CO_2。为了防止对氨合成催化剂的毒害，规定 CO 和 CO_2 总含量不得大于 $10cm^3/m^3$（体积分数）。因此，原料气在进入合成工序前，必须进行原料气的最终净化，即精制过程。

目前在工业生产中，最终净化方法分为深冷分离法和甲烷化法。深冷分离法主要是液氮洗法，是在深度冷冻（<-100℃）条件下用液氮吸收分离少量 CO，而且该方法也能脱除甲烷和大部分氩，这样可以获得只含有惰性气体 $100cm^3/m^3$ 以下的氢氮混合气，深冷净化法通常与空分以及低温甲醇洗结合。甲烷化法是在催化剂存在下使少量 CO、CO_2 与压反应生成 CH_4 和 H_2O 的一种净化工艺，要求入口原料气中碳的氧化物含量（体积分数）小于 0.7%。甲烷化法可以将气体中碳的氧化物（CO+CO_2）含量脱除到 $10cm^3/m^3$ 以下，但是需要消耗有效成分 H_2，并且增加了惰性气体 CH_4 的含量。甲烷化反应如下：

$$CO + 3H_2 \rightarrow CH_4 + H_2O$$
$$CO_2 + 4H_2 \rightarrow CH_4 + 2H_2O \qquad (4-2)$$

（3）氨合成

将纯净的氢、氮混合气压缩到高压，在催化剂的作用下合成氨。氨的合成是提供液氨产品的工序，是整个合成氨生产过程的核心部分。氨合成反应在较高压力和催化剂存在的条件下进行，由于反应后气体中氨含量不高，一般只有10%～20%，故采用未反应氢氮气循环的流程。氨合成反应式为：

$$N_2+3H_2\rightarrow 2NH_3 \tag{4-3}$$

3. 主要设备

合成氨的主要设备有造气炉（包括除尘设备）、燃烧炉、余热炉、脱硫塔、静氨塔、静电除焦器、中低变炉（包括触媒）、换热设备、压缩机、铜洗塔、铜液分离器、铜液泵、合成塔、废热锅炉、氨分离器、水处理设备以及公共管道等。

（二）合成氨生产安全操作

1. 严格控制合成炉壁温，严禁超过规定，以防止钢材高温脱碳，造成合成炉强度降低。合成系统的设备、管线、阀门必须根据其使用条件及材料性能，选择合适的材质，以防止脱碳、渗碳等情况出现。

2. 必须严格控制冷凝器和氨分离器液面。防止液面过高造成液氨带入循环机或合成炉内，造成循环机损坏和合成炉炉温急剧下降及内筒脱焊；同时也要防止液面过低，造成高压气体串入低压系统，导致设备、管线爆炸。

3. 合成炉拆卸大盖时，必须用氮气置换，分析H_2体积分数在0.5%以下，禁止用铁钎撬击顶盖。打开大、小顶盖时的温度应为室温或接近室温，压力应小于196Pa，高温带压情况下，禁止打开大、小顶盖。合成炉顶热电偶连接端的试漏，必须用变压器油，不准用肥皂沫试漏，以防碱液导电，引起短路。

4. 液氨储罐区应设有喷淋水装置和排水收集处理系统，以处理液氨泄漏事故并防止环境污染事故出现。

5. 系统局部充压、放压时，应控制放压速度，防止瞬间气体流速过大，引起静电火灾。

合成氨生产工艺流程长，设备复杂，其生产过程中原料、半成品及成品大多为易燃易爆、有毒有害物质，生产工艺条件为高温、高压、超低温、负压，充满了风险。只有充分认识到安全生产的重要性，切实加强事故的预防措施，强化管理，提高安全意识，才能真正把"以人为本，安全第一"落到实处。

（三）合成氨装置异常处理

1. 氨气中毒处理

吸入者应迅速脱离现场，至空气新鲜处，维持呼吸功能，根据情况送往医院处理。眼污染后立即用流动清水或凉开水冲洗至少 10min。皮肤污染时立即脱去被污染的衣着，用流动清水冲洗至少 30min。并迅速查明原因，必要时拉响报警装置，及时采取疏散和隔离措施。

2. 燃烧爆炸及泄漏的处置

首先应采取措施控制事态的发展，按照企业的预案或处置方案进行操作。在确保安全的前提下，可采取以下具体措施：

（1）灭火剂可使用干粉、二氧化碳，也可用水幕、雾状水或常规泡沫。在确保安全的前提下，将容器移离火场；禁止将水注入容器；损坏的钢瓶只能由专业人员处理。

（2）储罐发生泄漏时，处置方法如下：

①消除附近火源，穿全封闭防护服作业；

②禁止接触或跨越泄漏物；

③在保证安全的情况下堵漏或翻转泄漏的容器以避免液体漏出；

④防止泄漏物进入水体、下水道、地下室或密闭性空间；

⑤禁止用水直接冲击泄漏物或泄漏源；

⑥采用喷雾状水抑制蒸气或改变蒸气云流向；

⑦隔离泄漏区直至气体散尽。

注意：上述措施应当有针对性地采用。

3. 合成氨火灾爆炸危险性分析

（1）氢的爆炸下限。氢的爆炸下限较低，爆炸浓度范围宽，加之其最小引爆能只有 0.019mJ，因此，当高压气体泄漏时，由于流速大，与设备剧烈摩擦产生的高温和静电可引起爆炸事故。

（2）氨的合成反应。氨的合成反应是在高温高压下进行，氢在高温高压下对碳钢设备具有较强的渗透能力，造成"氢脆"，降低了设备的机械强度，而且高温生产条件也对设备材质提出了极为严格的要求。

（3）合成系统操作压力。有高压（≥10.0MPa）和低压（0.1~2.0MPa）两种，不同压力系统之间紧密相连，有可能会造成高压串入低压，导致爆炸事故的发生。

（4）合成炉拆卸大、小盖时，有可能导致爆炸着火事故。

（5）液氨库存量一般较大。根据我国重大危险源辨识规定，一般大、中型合成氨厂的储存区或中间罐均构成重大危险源。一旦库、罐出现泄漏，会影响人身安全，而且可能造成较大面积中毒和污染，甚至导致火灾和爆炸事故发生。

二、氯碱生产工艺操作与安全

氯碱，即氯碱工业，也指使用饱和食盐水制氯气、氢气、烧碱的方法。工业上用电解饱和 NaCl 溶液的方法来制取 NaOH、Cl_2 和 H_2，并以它们为原料生产一系列化工产品，这称为氯碱工业。氯碱工业是最基本的化学工业之一，它的产品除应用于化学工业本身外，还广泛应用于轻工业、纺织工业、冶金工业、石油化学工业以及公用事业。

（一）氯碱产品生产工艺

1. 烧碱生产工艺简述

包括一次盐水、二次盐水及电解、氯氢处理、液氯及包装、氯化氢合成及盐酸、蒸发及固碱等工段。

（1）一次盐水工段

本工段任务是经过化学方法和物理方法去除原盐中 Ca、Mg 等可溶性和不溶性杂质、有机物，为二次盐水及电解工序输送合格的一次盐水。

（2）二次盐水及电解

二次盐水及电解是烧碱工序的核心，任务是在电解槽中生产出 32%烧碱产品，氢气、氯气送氯氢处理工段，淡盐水返回一次盐水工序化盐。

（3）氯氢处理工段

该工段包括氯气处理、氢气处理、事故氯气吸收。目的是分别将电解工段生产的氯气和氢气进行冷却、干燥并压缩输送到下游工段，同时吸收处理事故状态下产生的氯气，副产次氯酸钠。

（4）液氯及包装工段

液氯工段的任务是将平衡生产的部分富余氯气进行压缩、液化并装瓶。通常根据氯气压缩机压力的不同，将氯气液化方式分为高压法、中压法和低压法三种。

（5）氯化氢合成及盐酸生成工段

本工段任务是将氯氢处理工段来的氯气和氢气，在二合一石墨合成炉内进行燃烧，合成氯化氢气体，经冷却后送至氯乙烯工序。从液氯工段来的液化尾氯气与氢气进入二合一石墨合成炉，生成氯化氢气体。经石墨冷却器冷却，再经两级降膜吸收器和尾气塔，用纯水吸收，生成 31%的高纯盐酸供电解工段使用或对外销售。

（6）蒸发及固碱工段

本工段任务是将电解工段生产的部分32%烧碱浓缩为50%烧碱和99%片碱。采用世界先进的瑞士博特公司降膜工艺及设备，降膜法生产片碱的能耗低于国内传统的大锅法，而且生产环境好、连续稳定便于控制。

2. PVC 生产工艺

主要分为乙炔制备、氯乙烯合成、氯乙烯聚合三个主要工序。

（1）乙炔制备

主要分为电石破碎、乙炔发生、乙炔清净和渣浆处理三部分。

电石破碎：将合格的原料电石，通过粗破机和细破机进行破碎处理。

乙炔发生：破碎合格的原料电石，经准确计量后，投入乙炔发生器内进行水解反应，制成粗乙燃气体，供清净工序生产使用。

$$CaC_2+2H_2O \rightarrow Ca(OH)_2+C_2H_2 \qquad (4-4)$$

乙炔清净和渣浆处理：这里有一个涉及循环经济的重点，氯碱公司的电石渣浆可用作化灰使用。

（2）氯乙烯合成

氯乙烯合成主要分为混合气脱水、氯乙烯合成和粗氯乙烯的净化三部分。本工序是将合格的氯化氢气体、乙炔气体按比例充分混合、进一步脱水后，在氯化汞触媒的催化下合成为VC气体。经脱汞、组合塔回收酸、碱洗后，送至氯乙烯压缩岗位生产用。

混合气脱水：冷冻方法混合脱水是利用盐酸冰点低、盐酸上水蒸气分压低的原理，将混合气体冷冻脱酸，以降低混合气体中水蒸气分压来降低气相中水含量，进一步降低混合气中的水分至所必需的工艺指标。

氯乙烯合成：乙炔气体和氯化氢气体按照1：1.05～1：1.07的比例混合后，在氯化汞的作用下，在100～180℃温度下反应生成氯乙烯。

粗氯乙烯的净化：转化后经脱汞器除汞。冷却后的粗氯乙烯气体中除氯乙烯外，还有过量配比的氯化氢、未反应完的乙炔、氮气、氢气、二氧化碳和微量的汞蒸气，以及副反应产生的乙醛、二氯乙烷、二氯乙烯等气体。为了生产出高纯度的单体，应将这些杂质彻底除去。

（3）氯乙烯聚合

聚氯乙烯是由氯乙烯单体聚合而成的高分子化合物，氯乙烯悬浮聚合过程中，聚合配方体系或为改善树脂性能而添加各种助剂，其中用得比较广泛的有以下几种：缓冲剂、分散剂、引发剂、终止剂、消泡剂、阻聚剂、紧急终止剂、热稳定剂、链调节剂等。

（二）氯碱生产异常处理

1. 纯水工段

纯水工段常见异常情况、原因分析及解决措施详见表4-1。

表4-1 纯水工段常见异常情况、原因分析及处理方法

序号	异常情况	原因分析	解决措施
1	锰砂过滤器压力升高	设备内污垢多或锰砂被污染	离线反洗锰砂过滤器
2	软化器内树脂层高度下降	反洗时造成树脂流失或破碎	补充树脂
3	反渗透系统无法启动	原水泵压力过低或过高	调整原水泵压力使其在0.2~0.4MPa
3		原水水质出现问题	分析原水质量使其满足进水要求
4	阳床树脂层高度下降	阳床树脂流失或水帽漏	严格控制反洗流量更换水帽
5	阴床内夹入阳树脂	阳床水帽脱落或泄漏	更换水帽
6	反渗透进水电导不显示	原水超标	检查原水情况
7	混床电导超标	再生质量不合格	离线再生

2. 化盐工段

化盐工段异常现象及处理方法详见表4-2。

表4-2 化盐工段异常现象及处理方法

序号	异常现象	原因	处理方法
1	澄清桶返混	泥层太厚	及时排泥
1		淡盐水温度，流量波动	调整淡盐水温度、流量
2	粗盐水含NaCl浓度低	化盐桶内盐层低	及时补充原盐
2		化盐桶内盐泥过多	及时清理
2		皮带运输机故障	通知维修，及时检修
2		化盐温度低	调整化盐水温度
2		化盐水SO_x过多	加大膜脱硝装置的负荷
3	粗盐水Ca^{2+}、Mg^{2+}含量高	盐水过碱量控制过低，特别是Na_2CO_3浓度过低	适当提高过碱量
3		盐水温度不稳定	认真控制盐水温度在55~65℃
3		粗盐水流量太大	控制流量
3		滤膜泄漏	查出并更换泄漏的滤膜
4	加压溶气罐压力太高或太低	气源压力太高或太低	与空压站联系
4		减压阀开启度不适当	调节减压阀
4		减压阀失灵	检修或更换减压阀

序号	异常现象	原因	处理方法
5	预处理器返混	粗盐水中 NaCl 含量不稳定	调整粗盐水含 NaCl300～310g/L
		粗盐水中 NaOH 含量不稳定	调整粗盐水流量及 NaOH 入量,保证过量 NaOH 在 0.1～0.5g/L
		进预处理前粗盐水 Na_2CO_3 含量高	在配水罐内用水稀释
		粗盐水温度波动大	调整操作好板式换热器,确保粗盐水温度稳定
		粗盐水流量波动大	调整阀 FIO107 开度及加压溶气罐压力稳定
		粗盐水溶气量不足	调整加压溶气罐液位正常为 65% 及压力 0.18～0.3MPa,同时检查化盐水温度是否太高并处理
		排泥不及时	及时上、下排泥
		排泥顺序有误	确保先上排再下排泥
		原盐质量差	调配使用优质原盐
		FeCl 加入量不足或太大	调整合适的 $FeCl_3$ 流量
6	过滤器滤后液异常	滤膜破裂	更换滤膜
		密封橡胶圈不平或卡不严	重新安装调整
		O 形圈或密封螺丝不严	重新安装调整
7	过滤器滤后液清但不合格	过碱量低	调节过碱量,打开 P 阀,待合格后再关闭 P 阀
		原盐质量差	调配合格原盐

3. 电解工段

电解工段异常现象及处理方法详见表4-3。

表4-3 电解工段异常现象及处理方法

序号	异常现象	原因	处理方法
1	电解槽阳极液出口pH值过低	加入盐酸过量	检查盐酸流量计流量，如果流量过高，降低HCl流量；检查加酸控制阀FICZA-211是否失灵
2	淡盐水泵出口盐水pH值过低	加入盐酸过量	取样分析其酸度，检查其值是否与仪表指示相符
		pH值测定仪表失灵	检查淡盐水pH值测定仪表冷却器的温度是否在20～60℃
		仪表冷却器的温度不在指定范围	检查加酸控制阀FICZA-211是否失灵
3	电解槽阳极液出口pH值过大	加酸量不足	检查HCl流量计的流量，如果流量太低，增加流量。检查FICZA-211是否失灵
		离子膜泄漏	如果淡盐水pH值有波动，某单元槽的电压异常，阳极液出口软管变色，则说明该单元槽的膜有泄漏。（在旧膜试车时属于正常现象）
4	二次盐水质量恶化	二次盐水精制工序出现问题	定时在电解槽进口取样分析盐水质量，如盐水质量不符合正常工艺要求，迅速通知盐水精制岗位
			当$Ca^{2+}+Mg^{2+}$含量为20～40ppb时，立即检查异常原因，迅速进行恢复处理和再分析。迅速通知盐水精制岗位切换螯合树脂塔
			当$Ca^{2+}+Mg^{2+}$含量在40ppb以上时，立即检查异常原因，迅速进行恢复处理和再分析。迅速通知盐水精制岗位切换二次盐水的螯合树脂塔，如果不能马上恢复，电解槽停车
5	氢气氯气总管压差	氯气、氢气总管压力波动大	检查氢气和氯气管道是否有积水
			通知氯氢处理岗位检查生产是否正常
			检查PICZA-216与PICZA-226工作是否正常

序号	异常现象	原因	处理方法
6	电解槽电位差计 EDIZA 波动	电流短路	检查电解槽侧面杆和电解槽导杆之间是否有异物，检查电解槽是否由于杂物影响发生短路
		进槽电解液流量波动	调节进电解槽电解液流量或气体压力
		一个或多个单元槽电压异常	检查软管气体和液体混合物的流动状态，如流动不均匀，有气堵现象，停车检查
		直流电流计波动	对电解槽进行膜泄漏实验，检查直流电供电系统
		离子膜泄漏	如有泄漏，更换之
		漏电	检查电解槽和管路的结缘情况，不好，更换之，如发现电解槽和垫片泄漏严重，立即停车处理
7	二次供应盐水停止或流量降低	过滤盐水泵停	尽快恢复它的运行，并且同时降低电流运行，如不能启动，停车
		管路堵塞	每台电解槽有 FICZA-231 连锁。当报警发生时，立即在现场检查电解槽，迅速恢复盐水供应最初的流量，并检测盐水浓度。严重时停车处理
		二位阀开关错误	及时检查阀门状态，确认阀门信号是否正常
8	单元槽电压比平均电压高 0.3V	单元槽电解液进出口堵塞	停车疏通或清洗单元槽进出管口
		离子膜漏	停车进行膜泄漏实验
		单元槽电极损坏	如单元槽电极损坏，更换之
9	单元槽电压比平均电压低 0.2V	膜泄漏	如果淡盐水 pH 值有波动，某单元槽的电压异常，阳极液出口软管变色，则说明该单元槽的膜有泄漏。停车检查，进行膜泄漏实验。检查单元槽电极是否有损坏，如有，更换之
		单元槽导杆螺栓上有锈斑	除锈，重新测量

序号	异常现象	原因	处理方法
10	电解槽电压急剧升高	电解槽温度低于正常温度	检查电解槽阴极液出口温度，如太低，调至正常温度
		阳极液浓度低	通知盐水精制岗位调整之；检查进槽盐水流量和返回淡盐水流量是否准确
		阳极液酸度增加	检查淡盐水酸度，如酸度太高，调节降低盐酸的流量
		因整流故障造成过电流	检查直流电流表指示是否正常，如不正常，停车检查
		阴极液浓度增加	检查阴极液浓度，如高于正常值，调节增加纯水流量
		膜被金属污染	检查电解液中金属离子含量，检查纯水、高纯盐酸、二次盐水的质量是否满足工艺要求
		电极液流量太低	提高电解液流量到正常值
		氯氢压差太低	调整电压到正常值
11	离子膜泄漏	电解槽阳极液出口软管变色	
		电解槽阳极液 pH 值升高，且波动较大	
		电解槽 HC1 消耗不正常，且急剧上升	
		氯气含氢超过 0.3%	
		单元槽电压不稳定，过高或过低	
		EDIZA 指示波动且不稳定	
12	成品碱浓度下降，阴极系统加水量明显下降	检查盐水共用管路是否堵塞，流量显示值是否准确	
		检查进槽阳极流量计 FICZA-231 是否正常	
		分析进槽阳极液浓度，如低于 280g/L，先降低电流运行，增大供应盐水流量，浓度上升正常后提升电流	

三、醋酸生产工艺操作与安全

（一）醋酸生产工艺概述

1. 产品用途

醋酸是一种重要的基本有机化工原料，广泛用于有机合成、医药、农药、印染、轻纺、食品、造漆、黏合剂等诸多工业部门，因此，醋酸工业的发展与国民经济各部门息息相关。

2. 醋酸生产工艺过程简述

工业上生产醋酸的方法主要有三种：乙醛法、丁烷或轻油液相氧化法以及甲醇羰基化法。

（1）乙醛法

这是比较古老的生产方法。乙醛可由乙炔、乙烯和乙醇制得，1959 年用乙烯直接氧化制乙醛（常称瓦克法）获得成功，现在已成为生产乙醛的主要方法。

（2）丁烷或轻油液相氧化法

20 世纪 50 年代初在美国首先实现工业化。丁烷或轻油在 Co、Cr、V 或 Mn 的醋酸盐催化下在醋酸溶液中被空气氧化，反应温度 95～100℃，压强 1.0～5.47MPa，反应产物众多，分离困难，而且对设备和管路腐蚀性强，虽然能用廉价的丁烷和轻油做原料，除美国、英国等少数国家还继续采用外，其他国家对该法兴趣不大。

（3）甲醇羰基化法

以甲醇为原料合成醋酸，不但原料价廉易得，而且生成醋酸的选择性高达 99% 以上，基本上无副产物，现在世界上有近 40% 的醋酸是用该法生产的，新建生产装置多考虑采用这一生产方法。

（二）醋酸生产安全操作要求

下面以乙醛氧化制醋酸为例，说明其安全操作要点。

1. 重点部位

氧化塔组：氧化塔组包括第一、二氧化塔。易燃的乙醛和纯氧在催化剂醋酸锰的作用下，转化成醋酸。乙醛氧化是剧烈的放热过程，原料配比、催化剂量、温度、压力控制不当，将会发生着火爆炸事故。

氧化过程中生成的中间产物过氧醋酸，是一种不稳定、有爆炸性的化合物，在温度 90～110℃ 时便能突然分解爆炸；与可燃物、有机物、酸类接触，经摩擦、撞击也能爆炸或燃烧。国内同类装置就曾有过由于加催化剂开车而导致氧化塔爆炸的事故。

在反应过程中，若温度过高，过氧醋酸的分解会骤然进行而发生爆炸；若温度过低，过氧醋酸会积累也会发生爆炸。

氧化塔顶的气体中含有部分没有反应的乙醛和氧气，如果这些混合气体达到爆炸极限，也有爆炸的危险。

2. 安全要点

（1）氧化塔

①氧化塔的反应温度、压力必须严格控制，第一，氧化塔塔顶温度不超过65℃，塔底温度不超过75℃，压力不超过0.3MPa；第二，氧化塔塔顶温度不超过75℃，塔底温度不超过80℃，压力不超过0.2MPa，否则易导致着火爆炸。

②氧化塔液面必须高于出料口200mm，绝对不得低于出料口，以免氧化尾气蹿入蒸发器内发生爆炸。

（2）其他部位

①系统开车前必须用氮气吹扫，并保证合格。在线分析仪要确保好用，安全联锁要正常，系统易燃易爆物质乙醛小于0.2%，乙酸小于0.5%，氧小于3%。

②应注意检查塔顶氮气保护装置是否通入定量的氮气，确保装置在工艺参数突变情况下会自动联锁停车。

③罐区进乙醛、醋酸前，必须清洗置换干净，其氧含量小于0.2%以下。

④当气温较高时，应经常检查乙醛罐冷却水降温设施是否开启；罐内液面不能过高，应控制不超过85%。

⑤装置设有的事故越限报警信号和安全联锁装置，应有明显标志，当某些参数达到危险状态时，安全联锁系统可自动或手动进行局部或全装置安全停车。任何人不得随意解除信号报警及安全联锁装置。

⑥应检查氮气贮罐的压力是否保持在2～2.2MPa，以保证大部分氮气应急用于装置开停车及事故状态下吹扫设备及管线。

⑦脱高沸物回收塔底部出料的醋酸锰残渣有毒，不得就地排放，须经处理后再焚烧。

⑧甲酸对设备、管线有较强的腐蚀作用，要定期对塔壁、管线进行测厚，并做记录。

（三）醋酸生产火灾爆炸处理

1. 醋酸生产工艺过程中的火灾爆炸类型分析

醋酸生产工艺过程中主要的危险是火灾爆炸，而发生火灾爆炸的类型主要有泄漏型和反应失控型两种。

（1）泄漏型火灾爆炸

泄漏型火灾爆炸是指处理、贮存或输送可燃物质的容器、机械或设备基于某种原因而使可燃物质泄漏到外部或助燃物进入设备内，遇到点火源后引发的火灾爆炸。醋酸生产过程中最常见的是一氧化碳气体泄漏爆炸，而泄漏的原因主要有设备材料性能降低引起的泄漏、设备缺陷引起的泄漏，以及人为因素引起的泄漏，如误操作、违章操作、设备运行维修保养不善等。

（2）反应失控型火灾爆炸

反应失控型火灾爆炸是由于醋酸生产过程中化学反应放热速度超过散热速度，导致体系热量积累，温度升高，反应速度加快，造成反应产物暴聚，致使反应过程失去控制而引发火灾爆炸事故。在甲醇低压羰基化生产醋酸的反应过程中，如原料多投或投料速度过快、物料不纯等原因都可能引发剧烈反应，使反应釜内的热量急剧增加。而制冷设备失效、送冷不足、搅拌器故障、搅拌不均匀等，是引起醋酸生产过程中散热不利的主要原因。

醋酸生产反应过程中火灾爆炸事故发生的途径较多，通过编制事故树分析得出，在多个基本原因事件中，反应釜内可燃物质泄漏与空气混合达到爆炸极限、反应釜冷却不利是两个最重要的因素，其次是设备材料性能下降、设备缺陷以及其他人为因素导致可燃物料泄漏，而明火、高温、静电火花、电气火花、撞击火花、雷击火花等原因造成的事件影响地位则再次退后。

2. 醋酸企业生产过程中的消防安全对策

（1）消防安全对策原则

根据对醋酸生产工艺过程火灾爆炸危险性分析的结果，应当采取"确保重点危险部位、控制重要基本原因事件"的原则，必须对醋酸反应釜单元给予重点安全保护，投入充分的人力和物力加强安全措施的落实。同时，对于能够引发醋酸反应釜单元火灾爆炸事故发生的最重要的原因如反应釜冷却不利等因素要进行严格控制，对工艺单元中设备材料性能下降、设备缺陷、明火、撞击火花等基本原因事件按其重要度大小分别进行加强控制，统筹兼顾。此外，还应加强对醋酸反应釜工艺单元的安全监控工作，并制定和落实严格的工作许可证管理制度和作业程序，以防止火灾爆炸事故的发生。

（2）消防安全设计要求

为了保障人身和财产的安全，在醋酸企业防火防爆安全设计中，应贯彻"预防为主，防消结合"的方针，严格按照《建筑设计防火规范》《石油化工企业设计防火规范》等消防技术标准规范的要求，有针对性地采取防火、防爆措施，防止和减少火灾危害。比如，醋酸工厂的总体布局，应根据工厂的生产流程及各组成部分的生产特点和火灾危险性，结合地形、风向等条件，按功能分区集中布置；醋酸生产设备和管道应根据其内部物料的火灾爆炸危险性和操作条件，设置相应的仪表、报警信号、自动联锁保护系统或紧急停车措施；醋酸生产企业还应设置与其生产、储存、运输的物料相适应的消防设施和器材，供专职消防人员和岗位操作人员使用。

（3）消防安全操作措施

首先，要防止可燃物质泄漏。醋酸生产工艺中选购的设备，必须选择有资质的厂家生产的合格产品。在生产反应过程中，要防止反应釜的安全附件失灵、阀门失效和罐体损坏等因素导致的 CO 气体、甲醇液体泄漏。其次，要严格控制火源。罐区内严禁明火，工艺管道内液体原料必须控制流速，禁止使用易产生火花的机械设备和工具，电气设施必须防爆，工艺单元严格按规范要求设置防避雷设施，所有设备和管线均要设置静电接地。最后，要确保制冷效果。要定期检查校验反应系统的各类流量计、调节阀、分析仪、压力表、温度计等仪表和附件，确保其完好有效。对制冷系统在生产反应过程中的运行状况，要加强检查维护，同时应有制冷备用系统，确保工艺单元生产中的制冷安全。

（4）消防安全管理措施

由于醋酸生产工艺过程中的复杂性，操作人员较易出现失误，所以，企业要严格按照有关国家标准和行业标准配置科学的、可靠的自动化控制系统，制定完善切实可行的消防安全管理制度和操作规程，以杜绝和减少因为人为失误行为导致火灾爆炸事故发生的可能性。要按照国家、省、市及行业主管部门的有关规定，配备必要的安全卫生监测仪器及现场急救设备，并宜就近于厂区设立救护站或卫生所，以利于事故中受伤害的人员及时得到有效的救治。此外，还应经常加强对作业人员的生产操作技能、安全防护和事故应急处理等方面的教育和培训。尤其是醋酸反应工段的作业人员，应当受到严格的消防安全培训，他们必须经过消防安全培训并合格后持证上岗，熟悉醋酸生产工艺过程，具有高度的责任心，具备预防和处理醋酸生产过程中火灾爆炸险情的能力，并能对出现的紧急事故迅速做出及时的反应和正确的处置。

第二节　化工单元设备操作与安全

化工单元设备名目繁多，也是企业员工接触最多的一类设备。按照具体的用途可以分为阀门、泵、换热、过滤、反应、精馏、吸收等，下面以企业常用的单元设备，通过举例形式加以说明。

一、阀门操作与安全

（一）球阀常见故障

1. 内漏

（1）密封环损坏或变形。由于球阀是依靠密封环压在球表面形成密封的，在较长时间的使用中，密封环与球面之间的力是逐渐减小的。原因主要如下：

①密封环发生了塑性压缩变形或变质发硬；

②水质不好，则会在密封面间产生磨损，迅速使密封失效。

（2）球体表面光洁度变差。由于腐蚀和杂质附着，使阀门球体表面变得粗糙，水中的杂质加快了这些变化。

2. 外漏

（1）球阀外漏。一般发生在阀门关闭时，说明阀内部密封显然已经失效，并且阀杆密封圈也已失效，失去阻止流体外漏的功能。

（2）无法操作。手柄旋动而阀芯不动则为操作失败，引起故障的原因分内部滑脱和外部滑脱两种。内部滑脱是指球体上的长方槽被损坏，形成腰鼓形，使得阀杆扁方头可以打转；外部滑脱是指球阀杆与手柄联结的止旋方头被损坏，形成圆形，使得手柄转而阀杆不动。造成上述损坏的主要原因是操作者在开关阀门时用力过猛，甚至是借助扳手敲击手柄，造成部件损坏，更有将较小口径的球阀阀杆扭断的事例。

球阀长期处于关闭状态，由于腐蚀和杂质积累并附着的因素，也会造成卡死无法操作。

（二）截止阀

截止阀常见故障详见表4-4。

表4-4　阀门常见故障

序号	故障	原因
1	阀体渗漏	阀体的坯件有砂孔、夹层、裂纹等缺陷
2	阀杆的螺纹或螺母的螺牙滑丝	螺纹配合过松；长期工作螺纹严重损坏；操作时用力过猛
3	阀杆弯曲	关闭力太大
4	阀杆头拧断	开起时阀瓣锈死而扭断

续表

序号	故障	原因
5	阀体与阀盖的结合面泄漏	螺栓的紧力不够；结合面的垫片已损坏；结合面因冲蚀、腐蚀、变形等而受损
6	盘根泄漏	盘根过期，老化，质量差；盘根的尺寸过小或材质选错；没有按规定的方法安装盘根；盘根压紧力随盘根的磨损而丧失；阀杆或填料函表面有麻点、拉伤等缺陷；阀杆弯曲使盘根贴合状态不好
7	阀门关闭不严（内漏）	阀门没有真正关闭；阀瓣或阀座密封面受损；阀瓣或阀座密封面之间有杂物；阀杆弯曲使阀瓣或阀座贴合不严

（三）闸阀

1. 平行闸板阀

从平行闸阀的结构可以看出，关闭时所用的力越大，并不能保证阀门关闭越严密，盲目加力不能达到预期的目的，甚至会损坏阀杆的限位装置或手轮部件。

平行闸板阀是面接触密封，所以，在没有介质或其他润滑脂的润滑下，空载时尽量不要"干磨"，防止密封面过早损坏。

大口径、高压的平行闸阀具有启动力矩大，容易损坏操作机构等特点，因此，有些阀门设计有旁路通道，在准备从关闭位置开启时，预先打开旁路，使阀瓣两侧的压差能够平衡一下，以方便阀门开启，所以，对于有旁路阀的大型阀门须先开旁路阀，然后再操作主阀；在阀门处于关闭位置后，注意关闭旁路阀。

2. 带楔块平行闸板阀

操作注意事项：手动操作时不可以无限度地加大压紧力，否则有可能使阀瓣产生变形，产生中间受力，将使阀瓣由平面变为鼓面，阀门无法打开。

3. 楔形闸板阀

楔形闸板阀操作注意事项：电动操作时不能无控制地加大压紧力，这样会造成开启时需要更大的力才能打开，且有可能烧坏电动机。在高温高压管线，由于热膨胀和高压差的存在更是如此。为了解决这个问题，一般是加装旁路来平衡压差，在设定阀门关闭力矩时，不要设置太大，先用电动关到位，再用手轮将其关严；开启也要先手动再电动（无法进入的厂房例外，但要配更大的电机来操作）。

（四）蝶阀

蝶阀常见的故障如表4-5所示。

表 4-5　蝶阀常见故障

序号	故障	原因
1	阀门内漏	阀门内衬老化损坏；阀瓣损坏；阀门关闭不到位；阀门内部有异物卡塞
2	阀门外漏	阀体法兰的密封垫老化；阀门内衬老化；阀杆 O 形环老化；管子法兰的距离超出蝶阀的厚度规定的距离
3	阀门操作力矩大	阀门内衬膨胀老化；执行机构有异常；阀门长期保持一个位置，造成锈蚀或杂质堵塞；操作阀门时用力过大，造成阀瓣连接损坏或阀杆弯曲

（五）隔膜阀

隔膜阀常见的故障如表4-6所示。

表 4-6　隔膜阀常见故障

序号	故障	原因
1	阀门内漏	阀门隔膜件老化损坏；阀座密封面损坏；阀门关闭不到位；阀门内部有异物卡塞；操作时用力过大过猛，挤压损坏蘑菇头面
2	阀门外漏	阀体法兰的密封垫老化（变薄）；操作时用力过大过猛，扯裂损坏隔膜螺孔边沿；阀杆 O 形环失效；安装阀盖时，压紧力矩不足
3	阀门操作困难	阀门长期保持一个位置，造成锈蚀或杂质堵塞；执行机构有异常；阀杆弯曲；导向丝母滑脱

（六）弹簧式安全阀

弹簧式安全阀常见的故障如表4-7所示。

表 4-7 弹簧式安全阀常见故障

序号	故障	原因
1	弹簧安全阀排放后阀瓣不回座	主要是由弹簧弯曲阀杆、阀瓣安装位置不正或被卡住造成的,应重新装配
2	弹簧安全阀泄漏	阀瓣与阀座密封面之间有脏物,可使用提升扳手将阀开启几次,把脏物冲去;密封面损伤,应根据损伤程度,采用研磨或车削后研磨的方法加以修复阀杆弯曲、倾斜或杠杆与支点偏斜,使阀芯与阀瓣错位,应重新装配或更换;弹簧弹性降低或失去弹性,应更换弹簧、重新调整开启压力
3	弹簧安全阀排气后压力继续上升	主要是因为选用的安全阀排量小于设备的安全泄放量,应重新选用合适的安全阀;阀杆中线不正或弹簧生锈,使阀瓣不能开到应有的高度,应重新装配阀杆或更换弹簧;排气管截面不够,应采取符合安全排放面积的排气管
4	弹簧安全阀阀瓣频跳或振动	主要是由于弹簧刚度太大,应改用刚度适当的弹簧;调节圈调整不当,使回座压力过高,应重新调整调节圈位置;排放管道阻力过大,造成过大的排放背压,应减小排放管道阻力
5	安全阀到规定压力时不开启	阀芯与阀座粘连,可做手动排气试验排除;弹簧式安全阀的弹簧调整压力过大,应重新调整;杠杆式安全阀的重锤向后移动,应将重锤移到原来定压的位置上,用限动螺丝紧固
6	安全阀不到规定压力开启	弹簧安全阀主要是定压不准;弹簧老化弹力下降,应适当旋紧调整螺杆或更换弹簧

二、泵类操作与安全

(一) 泵设备概述

泵是输送液体或使液体增压的机械。它将原动机的机械能或其他外部能量传送给液体,使液体能量增加。泵主要用来输送水、油、酸碱液、乳化液、悬乳液和液态金属等液体,也可输送液、气混合物及含悬浮固体物的液体。泵通常可按工作原理分为容积式泵、动力式泵和其他类型泵三类。除按工作原理分类外,还可按其他方法分类和命名。如,按驱动方法可分为电动泵和水轮泵等,按结构可分为单级泵和多级泵,按用途可分为锅炉给水泵和计量泵等,按输送液体的性质可分为水泵、油泵和泥浆泵等,按照有无轴结构,可分直线泵和传统泵。

下面以应用广泛的离心泵为例,说明其安全操作的注意事项。

（二）离心泵的安全操作

1. 离心泵启动前的准备工作

（1）按规定正确穿戴好劳动防护用品。

（2）接到开泵通知时，应问清楚对方姓名，了解所送油品的种类、来源、去向车数、确定能使用的机泵并通知罐区、装卸栈台、锅炉等相关岗位。

（3）检查离心泵

①检查电流表、压力表、温度表是否良好。

②检查润滑油是否达到规定高度（油面控制在 1/2～2/3 高度），是否变质。

③顺着泵的旋转方向盘车 3～5 圈（轴转后和原位置相差 180°），检查转动是否平衡，有无杂音，转动是否灵活、无刮卡。

④检查泵体对轮螺丝、地脚螺丝及安全罩是否良好。

⑤检查各个阀门，泵进出口阀、排污阀和防空阀是否关闭，压力表引压阀是否开启。

⑥检查密封填料是否正常。

⑦有冷却水系统的机泵，检查其循环是否良好。

⑧检查电气设备和接地线是否完好，检查启动按钮是否漏电。

（4）打开泵入口阀，排尽泵内气体，排完后关上放空阀。

2. 离心泵的启动

（1）启动机泵前，与罐区、装卸栈台、装置、锅炉等相关岗位约定启泵时间，并严格执行。

（2）启动机泵时，无关人员应远离机泵。

（3）按约定时间，接通电源，启动机泵。

（4）机泵启动后，检查压力、电流、振动情况，检查泄漏及轴承、电机温度等情况。

（5）待泵出口压力稳定后，缓慢打开出口阀，使压力和电流达到规定范围，并和相关岗位取得联系。

（6）重新全面检查机泵的运行情况，在泵正常运行 10 分钟后司泵人员方可离开，并做好记录。

3. 注意事项

（1）离心泵应严格避免抽空。

（2）离心泵启动后，在关闭出口阀的情况下，不得超过 3 分钟。

（3）正常情况下，不得用调节入口阀的开度来调节流量。

4. 输送泵安全隐患、正常运转及维护

（1）输送泵安全隐患

输送泵常见安全隐患有以下几点：泵泄漏；异常噪声；联轴器没有防护罩；泵出口未装压力表或止回阀；长期停用时，未放净泵和管道中液体，造成腐蚀或冻结；容积泵在运行时，将出口阀关闭或未装安全回流阀；泵进口管径小或管路长或拐弯多；离心泵安装高度高于吸入高度；未使用防静电皮带等。

（2）离心泵正常运转及维护

①经常检查出口压力，电流有无波动，应及时调节，使其保持正常指标，严禁机泵长时间抽空，用出口阀控制流量，不准用入口阀控制流量。

②经常检查泵及电机的轴承温度是否正常，滚动轴承温度不得超过70℃，滑动轴承温度不得超过65℃，电机温度不得超过70℃。

③检查端面密封泄漏情况，轻质油不大于10滴/分，重质油不大于5滴/分。

④严格执行润滑三级过滤和润滑制度，经常检查润滑油的质量，发现乳化变质应立即更换，检查油标防止出现假油液面，液面控制在1/2～2/3高度。

⑤经常检查机泵的运行情况，做到勤摸、勤听、勤看、勤检查电机和泵体运转是否平稳，有无杂音。

⑥备用泵在备用期间及停用泵每班盘车一次（180°）。

⑦做好运行记录，保持泵、电机、泵房的清洁卫生。

5. 离心泵的切换

（1）与相关岗位联系，准备切换泵。

（2）做好备用泵启动前准备工作，开泵的入口阀，使泵内充满液体，打开放空阀放空，放空后关闭放空阀。

（3）启动备用泵，电机运转1～2分钟后观察出口压力，电流正常后，缓慢打开泵出口阀。

（4）打开备用泵出口阀时，逐渐关小原来运行泵的出口阀，尽量减小流量、压力的波动。

（5）待备用泵运行正常后，停原来运行泵。

（6）紧急情况下，可先停运行泵，后启动备用泵。

6. 离心泵的正常停泵

（1）慢慢关闭出口阀。

（2）切断电源。

（3）关闭入口阀，关闭压力表手阀。

（4）有冷却水的泵，泵冷却后，关闭冷却水，以防冻凝。

（三）离心泵应急处置

1. 人员发生机械伤害

第一发现人员应立即停运致害设备，现场视伤势情况对受伤人员进行紧急包扎处理。如伤势严重，应立即拨打 120 求救。

2. 人员发生触电事故

第一发现人应立即切断电源，视触电者伤势情况，采取人工呼吸、胸外心脏按压等方法现场施救。如伤势严重，应立即拨打 120 求救。

三、反应釜的操作与安全

（一）反应釜概述

反应釜和蒸馏釜（包括精馏釜）是化学工业中最常用的设备之一，也是危险性较大、容易发生泄漏和火灾爆炸事故的设备。反应釜指带有搅拌装置的间歇式反应器，根据工艺要求的压力不同，可以在敞口、密闭常压、加压或负压等条件下进行化学反应。蒸馏釜是用来分离均相液态混合物的装置。

近年来，反应釜、蒸馏釜的泄漏、火灾、爆炸事故屡屡发生。由于釜内常常装有有毒有害的危险化学品，事故后果较之一般爆炸事故更为严重。下面通过列举相关事故案例，对导致反应釜、蒸馏釜事故发生的危险因素进行全面分析，并提出相应的安全对策及措施。

（二）反应釜的固有危险性

反应釜、蒸馏釜的固有危险性主要有以下两方面：

1. 物料

反应釜、蒸馏釜中的物料大多属于危险化学品。如果物料属于自燃点和闪点较低的物质，泄漏后，会与空气形成爆炸性混合物，遇到点火源（明火、火花、静电等），可能引起火灾爆炸；如果物料属于毒害品，泄漏后，可能造成人员中毒窒息。

2. 设备装置

反应釜、蒸馏釜设计不合理、设备结构形状不连续、焊缝布置不当等，可能引起应力集中；材质选择不当，制造容器时焊接质量达不到要求，以及热处理不当等，可能使材料韧性降低；容器壳体受到腐蚀性介质的侵蚀，强度降低或安全附件缺失等，均有可能使容器在使用过程中发生爆炸。

（三）反应釜操作过程的危险性

反应釜、蒸馏釜在生产操作过程中主要存在以下风险：

1. 反应失控引起火灾爆炸

许多化学反应，如氧化、氯化、硝化、聚合等均为强放热反应，若反应失控或突遇停电、停水造成反应热蓄积，反应釜内温度急剧升高、压力增大，超过其耐压能力，会导致容器破裂，物料从破裂处喷出，可能引起火灾爆炸事故。反应釜爆裂导致物料蒸气压的平衡状态被破坏，不稳定的过热液体会引起两次爆炸（蒸气爆炸），喷出的物料再迅速扩散，反应釜周围空间被可燃液体的雾滴或蒸气笼罩，遇点火源还会发生三次爆炸（混合气体爆炸）。

导致反应失控的主要原因有：反应热未能及时移出，反应物料没有均匀分散和操作失误等。

2. 反应容器中高压物料蹿入低压系统引起爆炸

与反应容器相连的常压或低压设备，由于高压物料蹿入，超过反应容器承压极限，从而发生物理性容器爆炸。

3. 水蒸气或水漏入反应容器发生事故

如果加热用的水蒸气、导热油或冷却用的水漏入反应釜、蒸馏釜，可能与釜内的物料发生反应，分解放热，造成温度压力急剧上升，物料冲出，发生火灾事故。

4. 蒸馏冷凝系统缺少冷却水发生爆炸

物料在蒸馏过程中，如果塔顶冷凝器冷却水中断，而釜内的物料仍在继续蒸馏循环，会造成系统由原来的常压或负压状态变成正压，超过设备的承受能力发生爆炸。

5. 容器受热引起爆炸事故

反应容器由于外部可燃物起火，或受到高温热源热辐射，引起容器内温度急剧上升，压力增大发生冲料或爆炸事故。

6. 物料进出容器操作不当引发事故

很多低闪点的甲类易燃液体通过液泵或抽真空的办法从管道进入反应釜、蒸馏釜，这些物料大多数属绝缘物质，导电性较差，如果物料流速过快，会造成积聚的静电不能及时导除，发生燃烧爆炸事故。

7. 作业人员思想放松，没有及时发现事故苗头

反应釜一般在常压或敞口下进行反应，蒸馏釜一般在常压或负压下进行操作。有人认为，在常压、敞口或负压下操作危险性不大，往往在思想上麻痹松懈，不能及时发现和处置突发性事故的苗头，最终酿成事故。实际上常压或敞口的反应釜，其釜壁承受的压力要大于釜内承压的反应釜，危险性也更大一些。

对于蒸馏釜，如果作业人员操作失误，反应失控造成管道阀门系统堵塞，正常情况下的常压，真空状态变成正压，若不能及时发现处置，本身又无紧急泄压装置，很容易发生火灾爆炸事故。

（四）反应釜的常见安全隐患

避免反应釜、反应器发生火灾爆炸事故，除了要加强安全教育培训和现场安全管理、加强设备的维修保养、防止形成爆炸性混合物、及时清理设备管路内的结垢、控制好进出料流速、使用防爆电气设备并良好接地外，还要严格按安全操作规程和岗位操作安全规程操作。现将常见的一些安全隐患列举在表4-8中，以便及时加以排除，防止事故的发生。

表4-8 反应釜、反应器常见安全隐患

序号	安全隐患描述	序号	安全隐患描述
1	减速机噪声异常	13	存在爆炸危险的反应釜未装爆破片
2	减速机或机架上油污多	14	温度偏高、搅拌中断等存在异常升压或冲料
3	减速机塑料风叶热融变形	15	放料时底阀易堵塞
4	机封、减速机缺油	16	不锈钢或碳钢釜存在酸性腐蚀
5	垫圈泄漏	17	装料量超过规定限度等超负荷运转
6	防静电接地线损坏、未安装	18	内部搪瓷破损的搪瓷釜仍使用于腐蚀、易燃易爆场所
7	安全阀未年检、泄漏、未建立台账	19	反应釜内胆于夹套蒸气进口处冲蚀破损
8	温度计未年检、损坏	20	压力容器超过使用年限、制造质量差，多次修理后仍泄漏
9	压力表超期未年检、损坏或物料堵塞	21	压力容器没有铭牌
10	重点反应釜未采用双套温度、压力显示、记录报警	22	缺位号标志或不清
11	爆破片到期未更换、泄漏、未建立台账	23	对有爆炸敏感性的反应釜未能有效隔离
12	爆破片下装阀门未开	24	重要设备未制定安全检查表

四、换热器的操作与安全

(一) 换热器概述

换热器（Heat Exchanger），是将热流体的部分热量传递给冷流体的设备，又称热交换器。换热器在化工、石油、动力、食品及其他许多工业生产中占有重要地位，其在化工生产中可作为加热器、冷却器、冷凝器、蒸发器和再沸器等，应用广泛。

下面以列管式换热器为例，说明其常见故障与处理方法。

(二) 列管式换热器的常见故障与处理

列管式换热器的常见故障有管子振动、管壁积垢、腐蚀与磨损、介质泄漏等。列管式换热器常见故障与处理方法见表4-9。

表4-9 列管式换热器常见故障与处理方法

序号	故障现象	故障原因	处理方法
1	两种介质互串（内漏）	换热管腐蚀穿孔、开裂，换热管与管板胀口（焊口）裂开，浮头式换热器浮头法兰密封漏	重胀（补焊）；堵死紧固螺栓；更换密封垫片紧固内圈压紧螺栓；更换盘根（垫片）
2	法兰处密封泄漏	垫片承压不足、腐蚀、变质，螺栓强度不足，松动或腐蚀，法兰刚性不足，与密封面缺陷法兰不平行或错位，垫片质量不好	紧固螺栓更换垫片螺栓材质升级、紧固螺栓；更换螺栓更换法兰；处理缺陷重新组对；更换法兰更换垫片
3	传热效果差	换热管结垢水质不好、油污与微生物多隔板短路	化学清洗或射流清洗垢物加强过滤、净化介质，加强水质管理更换管箱垫片或更换隔板
4	阻力降过允许值	过滤器失效壳体、管内外结垢	清扫；更换过滤器用射流；化学清洗垢物
5	振动严重	因介质频率引起的共振外部管道振动引发的共振	改变流速；改变管束固有频率加固管道，减小振动

根据以往生产和操作经验，现将冷凝器、再沸器等常见安全隐患列举如下：

1. 腐蚀、垫圈老化等引起泄漏；

2. 冷凝后物料温度过高；

3. 换热介质层被淤泥、微生物堵塞；

4. 高温表面没有防护；

5. 冷却高温液体（如150℃）时，冷却水进出阀未开，或冷却水量不够；

6. 蒸发器等在初次使用时，急速升温；

7. 换热器未考虑防震措施，使与其连接管道因震动造成松动泄漏。

（三）列管式换热器的维护

列管式换热器的日常维护主要包括以下几方面的内容：

1. 装置系统蒸汽吹扫时，应尽可能避免对有涂层的冷换设备进行吹扫；工艺上确实避免不了的，应严格控制吹扫温度（进冷换设备）不大于200℃，以免造成涂层破坏。

2. 装置开停工过程中，换热器应缓慢升温和降温，避免造成压差过大和热冲击，同时应遵循停工时"先热后冷"的原则，即先退热介质，再退冷介质；开工时"先冷后热"，即先进冷介质，后进热介质。

3. 在开工前应确认螺纹锁紧环式换热器系统通畅，避免管板单面超压。

4. 认真检查设备运行参数，严禁超温、超压。对按压差设计的换热器，在运行过程中不得超过规定的压差。

5. 操作人员应严格遵守安全操作规程，定时对换热设备进行巡回检查，检查基础支座稳固程度及设备是否泄漏等。

6. 应经常对管、壳程介质的温度及压降进行检查，分析换热器的泄漏和结垢情况。在压降增大和传热系数降低超过一定数值时，应根据介质和换热器的结构，选择有效的方法进行清洗。

7. 应经常检查换热器的振动情况。

8. 在操作运行时，有防腐涂层的冷换设备应严格控制温度，避免涂层损坏。

9. 保持保温层完好。

第三节　化工设备检修与安全

一、设备检修安全事故原因与对策

有毒、有害、易燃、易爆、易中毒的化工生产特点决定了化工设备检修作业具有纷繁复杂、技术性强、风险大的特点，只有在检修前对化工装置进行科学、合理的安全技术处理；加强检修前装置检修过程的安全管理，在对装置的检修过程中严格地遵照前人血泪换来的宝贵经验去做，消除可能存在的各种危险因素，才能确保检修作业的安全高效，减少人身伤害事故的发生，为企业连续稳定安全生产打下坚实的基础。

（一）化工企业设备检修事故原因分析

1. 检修作业不明确

化工企业设备检修大多都涉及动火、入罐，这就必须先清空设备内物料后才能进行清洗置换。然而有的企业检修作业不明确，对检修工序没有提前做好计划，对涉及的设备心中没底，停产前未对设备内物料进行处理，给检修作业带来被动局面，甚至引发事故。

2. 没有按检修规程执行

原化学工业部颁布的《动火作业六大禁令》和《进入容器、设备的八个必须》对动火、入罐作业都做出了明确规定，而相当一部分企业没有按照规定执行，没有办理特殊作业审批手续，尤其是清洗置换不彻底，没有对可燃气体、有毒气体和氧含量进行分析，动火、入罐时引起火灾爆炸、中毒事故发生。

3. 没有进行安全技术交底

有的企业检修技术力量薄弱，检修大型设备时要聘请有资质的外来单位承担，但由于外来单位对化工企业的特点不了解，对化工物料的性质及危险性缺乏安全知识，而企业又没有对施工单位进行安全技术交底，导致施工单位检修时引发生产安全事故。

4. 没有使用劳动防护用品或使用不当

防护用品是防止事故发生的屏障，是保护职工生命安全的一道防线。在检修作业中，有的企业员工忽视防护器材、劳保用品的使用。如入罐不系安全带和戴防毒面具，或防毒面具的型号使用不当。更有甚者，当职工在罐内发生中毒时，救护人员在未采取任何防护措施的情况下，冒险施救，扩大事故伤亡人员。

5. 冒险蛮干

由于设备故障而被迫停产，对企业的生产经营会产生负面影响。而企业没有真正树立起安全就是效益的理念，特别是在产品供不应求的环境下，为了尽快恢复生产，赶工期，忽视安全生产条件，在检修时没有落实安全措施而冒险蛮干，引发安全事故。

（二）化工企业设备检修作业的对策

1. "兵马未动，安全先行"

为使检修作业有计划、有步骤地顺利进行，检修作业前，应先制订检修方案，办理

《检修任务书》。检修方案包括检修项目、设备，采取的安全防范措施，检修人员及负责人，检修工期、资金来源、应急预案等。检修方案要报安全管理部门审查，审查其安全措施是否有针对性和可操作性。这样有助于停产前对检修设备进行安全处理，如卸空设备内物料，为清洗置换创造良好条件。

2. 设备与系统进行可靠隔绝

无论是动火还是入罐，必须把需要检修的设备与生产系统可靠隔绝，这里所说的可靠隔绝，必须是拆除与生产工艺管道相连通的管道、设备，或插入盲板进行隔绝，以保证系统内的可燃物、有毒物无法扩散到检修设备内。禁止使用水封或关闭阀门等代替盲板或拆除管道，原因是设备长时间使用，许多与该设备连接的管道阀门关闭不到位，出现内漏现象，尤其是气体阀门。这里需要强调的是使用的盲板的材料、规格等技术条件一定要符合国家标准，要有足够的强度，能承受管道的工作压力，而且密闭不漏，不受物料腐蚀。

3. 置换设备内可燃有毒气体

凡进入受限空间（原称进塔入罐）作业，必须用氮气进行置换，置换结束后还应强制通风 24 小时后方可作业。在清洗设备前，要把设备内的可燃物或有毒介质彻底置换。常用的置换介质主要是惰性物质，如氮气、二氧化碳、水等。置换的方法视被置换介质与置换介质的比重而定，如果设备内可燃有毒气体的比重大于氮气的比重，氮气应从设备上方入口进入，从设备下方出口排出，置换气体用量一般为被置换介质容积的三倍以上。以水为置换介质时，水从设备底部进入，从设备最高点溢出。

4. 对设备进行彻底清洗

容器长时间盛装易燃易爆、有毒有害物质，这些物质被吸附在设备内壁，如不彻底清洗，由于温度和压力变化的影响，这些物质会逐渐释放出来，导致发生火灾爆炸、中毒事故。清洗方法可根据设备盛装物料的性质采用水洗、蒸汽蒸煮、化学清洗等，多数物料须使用化学清洗方可彻底清洗干净。化学清洗主要采用碱洗和酸洗，清洗方法是在设备中注入配制好的氢氧化钠水溶液或盐酸，开启搅拌通入水蒸气煮沸，目的是除去设备内的氧化铁积存物和酸碱及油类物质。注意蒸汽管的末端必须伸至液体的底部，且要固定好蒸汽管，以防酸碱液溅出或蒸汽管脱落喷伤他人。

5. 进行安全分析

对设备内的可燃气体和有毒气体进行安全分析，是检验清洗置换是否彻底的重要依据。分析环节重点是要掌握好检测的时间和取样点。

检修人员进入设备前的 30 分钟内，必须对设备内氧含量和有害气体含量进行分析，当氧含量小于 18% 或大于 23% 时禁止进入设备；当有害气体浓度超出正常值时同样不允许进入装置。在人员进入设备开始作业后，应当每两小时对设备内气体进行分析一次。

取样点要有代表性，以使数据准确可靠。在较大的设备内作业，应采取上、中、下取样。气体分析的合格标准是：可燃气体或可燃蒸气的含量，爆炸下限大于等于 4% 的，浓度应小于 0.5%；爆炸下限小于 4% 的，浓度则应小于 0.2%；有毒有害气体的含量应符合《工业企业设计卫生标准》的规定；设备内氧气含量应为 18%～21%。需要强调的是，可燃气体有毒有害气体检测仪要经标准气体样品标定合格方可使用，并经常进行维护、校正，确保检测数据安全可靠。

6. 进行安全技术交底

在检修作业前，企业要对检修人员进行安全教育，对检修的任务及安全技术措施进行交底，提高检修人员的安全素质和安全知识水平。如果检修项目承包给外来单位，一定要将安全技术措施、维修设备所盛装的物料性质及危害性告知施工单位，防止盲目施工引发安全事故。同时企业要与外来施工单位签订安全施工措施保证书，明确施工单位的安全生产职责，接受所在单位安全管理部门的监督检查。

7. 办理特殊作业审批手续

办理"动火作业证""入罐作业证"等特殊作业审批手续是确保动火入罐作业安全的重要环节，是对各项安全措施落实情况的确认。按照作业等级及审批权限，审批人员要亲临作业现场对作业时间、作业设备、作业人员、检测分析结果、安全措施、监护人员等进行全面的核查，缺一不可。审批人员不能过于信任检修项目负责人，或碍于情面，未经核实现场作业安全条件就予以审批。

8. 现场检查安全措施

办理特殊作业审批手续后，在作业前和作业中，安全管理人员要检查安全措施的落实情况，及时纠正违章作业。安全措施至少包括以下内容：

（1）切断设备动力电源，并在电闸上挂上"有人工作，严禁合闸"的警告牌。

（2）进入设备内要使用防爆型低压灯具，照明电压应小于等于 36V，在潮湿容器、狭小容器内作业电压应小于等于 12V，照明使用防爆灯具。

（3）正确佩戴规定的防护用具，包括防毒面具、安全带、防静电工作服等。

9. 专人监护

装置内作业，必须在可以观察到作业人员情况的入孔处设置专人进行监护，监护人员不得安排其他作业，监护人员必须了解、掌握必要的安全知识和应急救护知识，发现异常立刻采取有效措施防止作业人员发生事故。

10. 必须有应急抢救措施

进入装置作业前，有效的应急抢救措施必须清楚地写在检修命令书上。应急抢救措施应当简单、可行，事先必须经过演练证明有效。

总之，在化工企业设备检修作业中，必须严格遵守相关安全管理规定，落实各项安全措施，杜绝"三违"，消除可能存在的各种危险，确保检修作业按质按时完成，为安全生产创造良好条件。

11. 正确使用防护用品

在易燃、易爆的设备内，应穿防静电工作服，要穿着整齐，扣子要扣紧，防止起静电火花或有腐蚀性物质接触皮肤，工作服的兜内不能携带尖角或金属工具，一些小的工具，如角度尺等应装入专用的工具袋。安全帽必须保证帽带扣索紧，帽子与头佩戴合适。正确穿戴劳保手套，在一些酸、碱等腐蚀性较强的设备内作业要穿戴防酸、碱等防腐手套，手套坏了要及时更换，尤其是夏季作业手出汗多，会降低手套的绝缘性能和出现打滑现象，所以最好多备几副手套。劳保鞋要采用抗静电和防砸专用鞋。所穿的大头皮鞋，鞋底应采用缝制，不要用钉制，同时要考虑防滑性能，鞋带要系紧，保证行走方便。在有条件的塔内工作时，尽量在作业范围的塔底铺设一些石棉板或胶皮，这样既防滑又隔断了人与设备的直接接触。

（三）化工设备检修的验收

检修结束时，必须进行全面的检查验收，达到保质、保量、按期完成检修任务，确保一次开车成功。

1. 验收的准备工作

（1）清理现场。检修完毕时，检修工要清理现场，将油渍、垃圾、边角废料全部清除；栏杆、安全防护罩、设备盖板、接地、接零等安全设施全部恢复原状。清点人员、工具、器材等，防止其遗留在设备或管道内。

（2）全面检查。验收交工前，要对检修情况进行全面检查。除按工艺顺序对整个生产系统进行普遍检查外，还应重点检查以下内容：

①有无漏掉的检修项目；

②检修质量是否符合要求；

③核查所有该抽、堵的盲板，是否已抽、堵；

④设备、部件、仪表、阀门等有无装错，是否符合试车要求；

⑤安全装置、控制装置是否灵敏；

⑥电机接线是否正确，转动设备盘车是否正常；

⑦冷却系统、润滑系统是否正常；

⑧DCS（分散控制系统）、SIS（安全仪表系统）、ESD（紧急停车系统）以及可燃和有毒气体检测报警仪、火灾探测报警系统等安全设施是否已恢复投用。

2. 试车与验收

试车是对检修后的设备或系统进行验证。必须经上述检查确认无误方可进行。

试车分为单机试车、分段试车和化工联动试车。内容包括试温、试压、试漏、试安全装置及仪表的灵敏度等。试车合格后，按规定办理验收手续，应按照检修任务书或检修施工方案中规定的项目、要求、试车记录以及验收质量标准逐项复查验收。对试车合格的设备，按规定办理交接手续。不合格的设备由检修施工单位无条件地返修。全部合格后，由检修工单位和使用单位负责人共同在检修任务书或竣工验收单上签字，正式移交生产并存档备查，同时还应移交修理记录等技术资料。以上所述的定期的中修、大修的一般安全要求，原则上也适用于小修和计划外检修。

二、典型化工设备检修与安全

（一）塔的检修

通常每年要定期停车检修一、二次，将塔设备打开，检修其内部部件。注意在拆卸塔板时，每层塔板要做出标记，以便重新装配时不致出现差错。此外，在停车检查前预先准备好备品备件，如密封件、连接件等，以更换或补充。停车检查的项目如下：

1. 取出塔板或填料，检查、清洗污垢或杂质。

2. 检测塔壁厚度，做出减薄预测曲线，评价腐蚀情况，判断塔设备使用寿命。

3. 检查塔板或填料的磨损破坏情况。

4. 检查液面计、压力表、安全阀是否发生堵塞和在规定压力下操作，必要时重新调整和校正。

5. 如果在运行中发现有异常震动，停车检查时要查明原因。

（二）压缩机的检修

1. 常用的压缩机大、中修时，必须对主轴、连杆、活塞杆等主要部件进行探伤检查。其附属的压力容器应按照国家有关压力容器和压力管道检测检验规范的规定进行检验，发现问题及时处理，确保安全运行。

2. 压缩机大、中修时，必须对可能产生积炭的部位进行全面、彻底检查，将积炭清除后方可用空气试车。严防积炭高温下发生爆炸。有条件的企业可用氮气、贫气试车。

3. 检修设备时，生产工段和检修工段应严格交接手续，并认真执行检修许可证和有关安全检修的规定，确保检修安全。

4. 添加或更换润滑油时，要检查油的标号是否符合规定。应选用闪点高、氧化和碳析出量少的高级润滑脂；注油量要适当，并经过三级过滤。禁止用闪点低于规定的润滑油代用。

5. 特殊性气体（如氧气）压缩机，对其设备、管道、阀门及附件，严禁用含油纱布擦拭，不得被油类污染。检修后应进行脱脂处理，还应设置可燃性气体泄漏监视仪器。

6. 压缩机房内禁止任意堆放易燃物品，如破油布、棉纱及木屑等。

7. 移动式空气压缩机应远离排放可燃性气体的地点设置，其电器线路必须完整、绝缘良好，接地装置安全可靠。

8. 安全装置、各种仪表、联锁系统等必须按期校验和检修。

9. 压缩机的试运转、无负荷试车、负荷试车和可燃性气体、有毒气体、氧气压缩机机组、附属设备及管路系统的吹除和置换，应按有关规定进行。

（三）换热器的检修

换热器的检查和清洗分两个阶段进行。

1. 操作运行中的检查和清洗

操作运行中检查和清洗是一种积极的维护方法，它既能早期发现异常并采取相应的措施，又可保持管束表面清洁，保证传热效果和防止腐蚀。

（1）定期检查流量、压力和温度等操作记录。

①如果发现压力损失增加，说明管束内外有结垢和堵塞现象发生；

②如果换热温度达不到设计工艺参数要求，说明管内外壁产生污垢，传热系数下降，传热速率恶化；

③通过低温流体出口取样，分析其颜色、比重、黏度来检查管束的破坏、泄漏情况，如果冷却水的出口黏度高，可能是管壁结垢、腐蚀速度加快和管束胀口泄漏所致。

（2）定期检查壳体内外表面的腐蚀和磨损情况，通常采用超声波测厚仪或其他非破坏性测厚仪器，从外部测定估计会产生腐蚀、减薄的壳体部位。

（3）清洗。清洗主要分为高压水力清洗和化学清洗两种。水力清洗一般是指管内侧的用高压水枪清洗，对于管束内结垢进行清洗，清除管内壁的污垢；化学清洗是用配制的化学清洗液在管束内，循环加压流动，将管束内的污垢溶解去除。

2. 停车时检查和清洗

（1）检查换热器管内外表面的结垢情况、有无异物堵塞和污染的程度。

（2）测定壁厚，检查管壁减薄和腐蚀情况。

（3）检查焊接部位的腐蚀和裂纹情况。因焊接部位较母材更易腐蚀，故应仔细检查。管子与管板焊接处的非贯穿性裂纹可用着色法检查。对发生破坏前正在减薄的黑色及有色金属管壁和点蚀情况的检查，国外采用涡流（电磁）测试技术。检查的部位有侧面入口管的管子表面、换热管管端入口部位、折流板、换热管接触部位和流体拐弯部位。管束内部检查，可利用管内检查器或利用光照进行肉眼检查。对管束装配部位的松动情况，可使用试验环进行泄漏试验检查，根据漏水情况可检查出管子穿孔、破裂及管子与管板接头泄漏的位置。如果发现泄漏，应再进行胀管或焊接装配。

（4）清洗。换热器解体后，可根据换热器的形状、污垢的种类和使用厂的现有设备情况，选用下述的清洗方法：

①水力清洗。即利用高压泵（输出压力 $100\times10^2\sim200\times10^2kPa$）喷出高压水以除去换热器管外侧污垢。

②化学清洗。即采用化学药液、油品在换热器内部循环，将污垢溶解除去。此方法的特点如下：一是可不使换热器解体而除污，有利于大型换热设备的除垢；二是可以清洗其他方法难以清除的污垢；三是在清洗过程中，不损伤金属和有色金属衬里。

常用的化学清洗是酸洗法，即用盐酸作为酸洗溶液。由于酸能腐蚀钢铁基体，因此，在酸洗溶液中须加入一定量的缓蚀剂，以抑制基体的腐蚀。

③机械清洗。该法用于管子内部清洗，在一根圆棒或管子的前端装上与管子内径相同的刷子、钻头、刀具，插入管子，一边旋转一边向前（或向下）推进以除去污垢。此法不仅适用于直管也可用于弯管，对于不锈钢管则可用尼龙刷代替钢丝刷。

（四）化工安全检修项目

1. 实行检修许可证制度

化工生产装置停车检修，尽管经过全面吹扫、蒸煮水洗、置换、抽、加盲板等工作，但检修前仍须对装置系统内部进行取样分析、测爆，进一步核实空气中可燃或有毒物质是否符合安全标准，认真执行安全检修票证制度。

2. 检修作业安全要求

为保证检修安全工作顺利进行，应做好以下几个方面的工作：

（1）参加检修的一切人员都应严格遵守检修指挥部颁布的《检修安全规定》。

（2）开好检修班前会，向参加检修的人员进行"五交"，即交代施工任务、交代安全措施、交代安全检修方法、交代安全注意事项、交代遵守有关安全规定，认真检查施工现场，落实安全技术措施。

（3）严禁使用汽油等易挥发性物质擦洗设备或零部件。

（4）进入检修现场人员必须按要求着装，佩戴安全帽，系安全带。

（5）认真检查各种检修工器具，发现缺陷，立即消除，不能凑合使用，避免发生事故。

（6）消防井、栓周围5米以内禁止堆放废旧设备、管线、材料等物件，确保消防、救护车辆的通行。

（7）检修施工现场，不许存放可燃、易燃物品。

（8）严格贯彻谁主管谁负责检修原则和安全监察制度。

3. 检修动火

化工装置检修动火量大，危险性也较大。因为装置在生产过程中，盛装多种有毒有害、易燃易爆物料，虽经过一系列的处理工作，但是由于设备管线较多，加之结构复杂，难以达到理想条件，很可能留有死角，因此，凡检修动火部位和地区，必须按动火要求，采取措施，办理审批手续。

审批动火应考虑两个问题：一是动火设备本身，二是动火的周围环境。动火施工，必须经过生产单位负责人检查，落实措施，办好动火证，签字认可后方可动火。要做到"三不动火"，即没有动火证不动火、防火措施不落实不动火、监管人不在现场不动火。动火人接到批准的动火证后，应检查动火部位和防火措施是否都已落实。如未落实，动火执行人有权拒绝动火；切不能接到动火证后不闻不问，盲目动火。由生产单位指派的动火监护人，应熟悉工艺流程，了解介质的化学物理性能，会使用消防器材、防毒器材，会急救。动火前应按动火证要求检查防火措施落实情况，动火和监火过程中应随时注意环境变化，发现异常情况，立即停止动火。收工时要检查现场，不得留有余火。动火监护人一定要自始至终在现场监护，不能擅离岗位或玩忽职守。

（1）电焊作业的安全措施

为防止触电，电焊工所用的工具必须绝缘；电焊机壳接地必须良好；电线必须完整不破皮，防止受外界高温烘烤或压轧而破坏；在闭合或拉开电源闸刀时，应戴干燥的绝缘手套，防止触电或保险丝熔断时产生弧光烧伤皮肤；在金属容器设备内或潮湿环境作业，应采用绝缘衬垫以保证焊工与焊件绝缘；电焊工不得携带电焊把钳进出设备，带电的把钳应由外面的配合人递进递出；工作间断时，应将把钳放在干燥的木板上或绝缘良好处。焊工施焊应穿绝缘胶鞋，戴绝缘手套；电焊与气焊在同地点作业时，电焊设备与气焊设备以及把线和气焊胶管，都应该分离开，相互间不小于 5 米的距离，防止热辐射。

（2）气焊及气割安全措施

目前气焊作业，已陆续淘汰浮筒式乙炔发生器，使用操作简便的溶解乙炔瓶。乙炔瓶是用低合金钢焊接而成，瓶内充满硅酸钙多孔填料，并加入丙酮 14.1kg，充装乙炔 7.3kg，适合于 40℃以下的工作环境。在钢瓶肩部和瓶阀上各设置易熔塞一个，其熔化动作温度 100±5℃，瓶阀外设有保护瓶帽，瓶体上下有防震胶圈两个，以防止运输中碰撞，破坏瓶体、瓶阀。钢瓶里的丙酮均匀分布在多孔的固体硅酸钙填料里，然后注入的乙炔就溶解在丙酮里，由于乙炔气分子为丙酮液体分子所隔离，产生连锁爆炸反应受到限制，因此，不易产生爆炸。

乙炔瓶在使用时必须垂直放置，严禁倒放使用，防止液体丙酮随乙炔流出，遇明火造成火灾事故。乙炔瓶不应受剧烈震动和撞击，以防瓶内硅酸钙多孔填料震碎下沉而形成空洞，影响乙炔储存，同时禁止横卧滚动。如发现滚动，必须垂直放置一小时后方可使用。乙炔瓶表面温度不应超过 40℃，因为温度过高会降低丙酮对乙炔的溶解度，而使瓶内压力增高，因此，夏季要避开炽热的阳光曝晒，露天作业最好用掩体遮盖，瓶体禁止与热源接触。冬季使用时，如发现瓶阀冻结，严禁用明火烘烤，必要时可用 40℃以下的热水解冻。乙炔瓶距明火、热源不能小于 10 米，与氧气瓶之间的距离不小于 5 米。乙炔减压器与瓶连接必须牢固可靠，减压阀后应安装阻火器，严禁在漏气情况下使用。如发现瓶阀、减压器、易熔塞着火时，用干粉灭火器或二氧化碳灭火器扑救，禁用四氯化碳灭火器扑救。遇孔隙率低的乙炔瓶，使用时丙酮外流，经稳定处理后，可将瓶阀稍打开一点儿（约半扣），将乙炔减压器调节到所需最低工作压力。如还不能奏效，立即停用，将瓶退回乙炔站。

乙炔瓶在使用过程中，其低压工作压力不宜超过 0.098MPa. 一般以 0.0294～0.0687MPa 为宜。

乙炔瓶和氧气瓶应尽量避开同车运输，迫不得已同车装运时，瓶嘴不应对面放，应相互平行和相背放置，防止震动阀漏，发生事故。

4. 检修用电

检修使用的电气设施有两种：一是照明电源；二是检修施工机具电源（卷扬机、空压机、电焊机）。上述电气设施的接线工作，须由电工操作，其他工种不得私自接线。电气设施要求绝缘良好，线路没有破损漏电现象。线路敷设应整齐，埋地或架高敷设均不能影响施工作业、人行和车辆通过。线路不能与热源、火源接近。移动或局部式照明灯要有铁网罩保护。光线阴暗处、设备内以及夜间作业要有足够的照明，临时照明灯具悬吊时，不能使导线承受张力，必须用附属的吊具来悬吊。

行灯应用导线预先接地。检修装置现场禁用闸刀开关板。正确选用熔断丝，不准超载使用。电器设备，如电钻、电焊机等手持电动机具，在正常情况下，外壳没有电，当内部线圈年久失修，受到腐蚀或机械损伤，其绝缘遭到破坏时，它的金属外壳就会带电，如果人站在地上、设备上，手接触到带电的电气工具外壳或人体接触到带电导体上，人体与脚之间产生了电位差，并超过40V，就会发生触电事故。因此，使用电气工具，其外壳应可靠接地，并安装漏电保护器，避免触电事故发生。

电气设备着火、触电，应首先切断电源。不能用水灭电气火灾，应使用二氧化碳灭火器，也可用干粉器扑救；如触电，可用木棍将电线挑开，当触电人停止呼吸时，应对其进行人工呼吸和心肺复苏术，并紧急送医院急救。电气设备检修时，应先切断电源，并挂上"有人工作，严禁合闸"的警告牌。停电作业应履行停、复用电手续。停用电源时，应在开关箱上加锁或取下熔断器。在生产装置运行过程中，应先办理用火安全许可证，然后申请临时用电票。电源开关要采用防爆型，电线绝缘要良好，宜空中架设，远离传动设备、热源、酸碱等。抢修现场使用临时照明灯具宜为防爆型，进入受限空间作业，使用安全电压或使用不大于15mA的漏电保护器，严禁使用无防护罩的行灯。

5. 高处作业

凡在坠落高度基准面2米以上（含2米）有可能发生坠落危险的作业，均称为高处作业。作业高度在2～5米时，称为一级高处作业；作业高度在5～15米时，称为二级高处作业；作业高度在15～30米时，称为三级高处作业；作业高度在30米以上时，称为特级高处作业。

发生高处坠落事故的原因主要是：洞、坑无盖板或检修中移去盖板；平台、扶梯的栏杆不符合安全要求，临时拆除栏杆后没有防护措施，不设警告标志；高处作业不挂安全带、不挂安全网；梯子使用不当或梯子不符合安全要求；不采取任何安全措施，在石棉瓦之类不坚固的结构上作业；脚手架有缺陷；高处作业用力不当、重心失稳；工器具失灵，配合不好，危险物料伤害坠落；作业附近对电网设防不妥触电坠落等。

一名体重为60kg的工人，从5米高处滑下坠落地面，经计算可产生300kg冲击力，会致人死亡。

（1）高处作业的一般安全要求

①作业人员：患有精神病、高血压、心脏病等职业禁忌证的人员不准参与高处作业。检修人员饮酒、精神不振时禁止登高作业。作业人员必须持有作业票。

②作业条件：高处作业必须戴安全帽、系安全带。作业高度2米以上应设置安全网，

并根据位置的升高随时调整。高度超 15 米时，应在作业位置垂直下方 4 米处，架设一层安全网，且安全网数不得少于 3 层。

③现场管理：高处作业现场应设有围栏或其他明显的安全界标，除有关人员外，不准其他人在作业点的下面通行或逗留。

④防止工具材料坠落：高处作业应一律使用工具袋。较粗、重工具用绳拴牢在坚固的构件上，不准随便乱放；在格栅式平台上工作，为防止物件坠落，应铺设木板；递送工具、材料不准上下投掷，应用绳系牢后上下吊送；上下层同时进行作业时，中间必须搭设严密牢固的防护隔板、罩棚或其他隔离设施；工作过程中除指定的、已采取防护围栏处或落料管槽可以倾倒废料外，任何作业人员严禁向下抛掷物料。

⑤防止触电和中毒：脚手架搭设时应避开高压电线，无法避开时，作业人员在脚手架上活动范围及其所携带的工具、材料等与带电导线的最短距离要大于安全距离（电压等级 <110kV，安全距离为 2.5m；220kV，4m；330kV，5m）。高处作业地点靠近放空管时，事先与生产车间联系，保证高处作业期间生产装置不向外排放有毒有害物质，并事先向高处作业的全体人员交代明白，万一有毒有害物质排放时，应迅速采取撤离现场等安全措施。

⑥气象条件：五级以上大风、暴雨、打雷、大雾等恶劣天气，应停止露天高处作业。

⑦注意结构的牢固性和可靠性：在槽顶、罐顶、屋顶等设备或建筑物、构筑物上作业时，除了临空一面应装安全网或栏杆等防护措施外，事先应检查其牢固可靠程度，防止失稳或破裂等可能出现的危险；严禁直接站在油毛毡、石棉瓦等易碎裂材料的结构上作业。为防止误登，应在这类结构的醒目处挂上警告牌；登高作业人员不准穿塑料底等易滑的或硬性厚底的鞋子；冬季严寒作业应采取防冻防滑措施或轮流进行作业。

（2）脚手架的安全要求

高处作业使用的脚手架和吊架必须能够承受站在上面的人员、材料等的重量。禁止在脚手架和脚手板上放置超过计算荷重的材料。一般脚手架的荷重量不得超过 270kg/m²。脚手架使用前，应经有关人员检查验收、认可后方可使用。

①脚手架材料：脚手架应采用金属管和金属挑板，不得使用竹、木搭设脚手架。

②脚手架的连接与固定：脚手架要与建筑物连接牢固。禁止将脚手架直接搭靠在楼板的木楞上及未经计算荷重的构件上，也不得将脚手架和脚手架板固定在栏杆、管子等不十分牢固的结构上；金属管脚手架的立杆应垂直地稳放在垫板上，垫板安置前须把地面夯实、整平。立杆应套上由支柱底板及焊在底板上的管子组成的柱座，连接各个构件间的绞链螺栓一定要拧紧。

③脚手板、斜道板和梯子：脚手板和脚手架应连接牢固。脚手板的两头都应放在横杆上，固定牢固，不准在跨度间有接头；脚手板与金属脚手架则应固定在其横梁上。斜道板

要满铺在架子的横杆上；斜道两边、斜道拐弯处和脚手架工作面的外侧应设 1.2 米高的栏杆，并在其下部加设 18 厘米高的挡脚板；通行手推车的斜道坡度不应大于 1：7，其宽度单方向通行应大于 1 米，双方向通行大于 1.5 米；斜道板厚度应大于 5 厘米。脚手架一般应装有牢固的梯子，以便作业人员上下和运送材料。使用起重装置吊重物时，不准将起重装置和脚手架的结构相连接。

④临时照明：脚手架上禁止乱拉电线。必须装设临时照明时，金属脚手架应另设横担，并加绝缘子。

⑤冬季、雨季防滑：冬季、雨季施工应及时清除脚手架上的冰雪、积水，并要撒上沙子、锯末、炉灰或铺上草垫。

⑥拆除：脚手架拆除前，应在其周围设围栏，在通向拆除区域的路段挂警告牌；大型脚手架拆除时应有专人负责监护；敷设在脚手架上的电线和水管先切断电源、水源，然后拆除，电线拆除由电工承担；拆除工作应由上而下分层进行，拆下来的配件用绳索捆牢，并用起重设备或绳子吊下，不准随手抛掷；不准用整个推倒的办法或先拆下层主柱的方法来拆除；栏杆和扶梯不应先拆掉，而要与脚手架的拆除工作同时配合进行；在电力线附近拆除时应停电作业，若不能停电应采取防触电和防碰坏电路的措施。

⑦悬吊式脚手架和吊篮：悬吊式脚手架和吊篮应经过设计和验收，所用的钢丝绳及大绳的直径要由计算决定。计算时安全系数要求如下：吊物用不小于 6、吊人用不小于 14；钢丝绳和其他绳索事前应做 1.5 倍静荷重试验，吊篮还须做动荷重试验。动荷重试验的荷重为 1.1 倍工作荷重，做等速升降，记录试验结果；每天使用前应由作业负责人进行挂钩，并对所有绳索进行检查；悬吊式脚手架之间严禁用跳板跨接使用；拉吊篮的钢丝绳和大绳，应不与吊篮边沿、房檐等棱角相摩擦；升降吊篮的人力卷扬机应有安全制动装置，以防止因操作人员失误使吊篮落下；卷扬机应固定在牢固的地锚或建筑物上，固定处的耐拉力必须大于吊篮设计荷重的五倍；升降吊篮由专人负责指挥。使用吊篮作业时，应系安全带，安全带拴在建筑物的可靠处。有些企业已将高处作业列入危险作业，要求事前制订作业方案，经过有关部门审批。

6. 起重吊装作业

（1）起重吊装作业分级。重量大于 100 吨，为一级吊装作业；重量大于 40 吨小于 100 吨，为二级吊装作业；重量小于 40 吨，为三级吊装作业。重大吊装作业，必须设计施工方案，施工单位技术负责人审批后送生产单位批准；对吊装人员进行技术交底，学习讨论吊装方案。

（2）吊装作业前准备。起重工应对所有起重机具进行检查，对设备性能、新旧程度、最大负荷要了解清楚。使用旧工具、设备时，应按新旧程度折扣计算最大荷重。起重设备应严格根据核定负荷使用，严禁超载，吊运重物时应先进行试吊，离地20～30厘米，停下来检查设备、钢丝绳、滑轮等，经确认安全可靠后再继续起吊，二次起吊上升速度不超8m/min，平行速度不超过5m/min。

（3）吊装作业时注意事项。起吊中应保持平稳，禁止猛走猛停，避免引起冲击、碰撞、脱落等事故。起吊物在空中不应长时间滞留，并严格禁止在重物下方行人或停留。长大物件起吊时，应设有"溜绳"，控制被吊物件平稳上升，以防物件在空中摇摆。起吊现场应设置警戒线，并有"禁止入内"等标志牌。起重吊运不应随意使用厂房梁架、管线、设备基础，条件不允许时，一定要正确估计荷重，防止损坏基础和建筑物，并要征得有关单位的同意。

（4）大雪、暴雨、大雾和六级风以上大风等恶劣天气，禁止露天吊装作业。

（5）起重作业必须做到"十不吊"，即无人指挥或者信号不明不吊，斜吊和斜拉不吊，物件有尖锐棱角与钢绳未垫好不吊，重量不明或超负荷不吊，起重机械有缺陷或安全装置失灵不吊，吊杆下方及其转动范围内站人不吊，光线阴暗、视物不清不吊，吊杆与高压电线没有保持应有的安全距离不吊，吊挂不当不吊，人站在起吊物上或起吊物下方有人不吊。

试验表明，线接触钢丝绳比点接触钢丝绳寿命长。选用的钢丝绳应具有合格证，没有合格证的，使用前可截取1～1.5m长的钢丝绳进行强度试验。未经过试验的钢丝绳不应使用。

第四节 防火防爆安全技术

一、火灾爆炸概述

化工生产中所使用的原材料、中间产品以及成品多数都具有易燃易爆的性质，工艺装置比较集中且连续，生产在高温、高压或低温、化学腐蚀等条件下进行，并且具有复杂的化学反应，极易发生火灾。发生火灾后因其燃烧速度快、爆炸威力强，故而波及面积大，生产装置破坏严重，造成操作人员受到伤害和给企业带来经济损失。化工生产过程中始终存在火灾爆炸危险因素，应分析事故可能发生的原因，采取安全防范措施，从多方面设防，杜绝危险危害发生所必要的条件，降低事故率。一方面采用合理的工艺和安全操作，另一方面建筑采取安全防护措施，利用防爆墙将易发生爆炸的部位进行隔离，一旦发生火灾爆炸可以减少破坏面积，利用门窗、轻质屋面、轻质墙体泄压减少破坏程度。

火灾和爆炸事故，大多是由危险性物质的特性造成的。而化学工业需要处理多种大量的危险性物质，这类事故的多发性是化学工业的一个显著特征。火灾和爆炸的危险性取决于处理物料的种类、性质和用量，危险化学反应的发生，装置破损泄漏以及误操作的可能性等。化学工业中的火灾和爆炸事故，形式多种多样，但究其原因和背景，便可发现有共同的特点，即人的行为起着重要作用。实际上，装置的结构和性能、操作条件以及有关的人员是一个统一体，对装置没有进行正确的安全评价和综合的安全管理是事故发生的重要原因。

二、物料的火灾爆炸危险

（一）气体火灾爆炸危险性指标

爆炸极限和自燃点是评价气体火灾爆炸危险性的主要指标。气体的爆炸极限越宽，爆炸下限越低，火灾爆炸的危险性越大。气体的自燃点越低，越容易起火，火灾爆炸的危险性就越大。此外，气体温度升高，爆炸下限降低；气体压力增加，爆炸极限变宽。所以，气体的温度、压力等状态参数对火灾爆炸危险性也有一定的影响。

气体的扩散性能对火灾爆炸危险性也有重要影响。可燃气体或蒸气在空气中的扩散速度越快，火焰蔓延得越快，火灾爆炸的危险性就越大。密度比空气小的可燃气体在空气中随风漂移，扩散速度比较快，火灾爆炸危险性比较大。密度比空气大的可燃气体泄漏出来，往往沉积于地表死角或低洼处，不易扩散，火灾爆炸危险性比密度较小的气体小。

（二）液体火灾爆炸危险性指标

闪点和爆炸极限是液体火灾爆炸危险性的主要指标。闪点越低，液体越容易起火燃烧，燃烧爆炸危险性越大。液体的爆炸极限与气体的类似，可以用液体蒸气在空气中爆炸的浓度范围表示。液体蒸气在空气中的浓度与液体的蒸气压有关，而蒸气压的大小是由液体的温度决定的。所以，液体爆炸极限也可以用温度极限来表示。液体爆炸的温度极限越宽，温度下限越低，火灾爆炸的危险性越大。

液体的沸点对火灾爆炸危险性也有重要的影响。液体的挥发度越大，越容易起火燃烧。而液体的沸点是液体挥发度的重要表征。液体的沸点越低，挥发度越大，火灾爆炸的危险性就越大。

液体的化学结构和相对分子质量对火灾爆炸危险性也有一定的影响。在有机化合物中，醚、醛、酮、酯、醇、羧酸等的火灾危险性依次降低。不饱和有机化合物比饱和有机化合物的火灾危险性大。有机化合物的异构体比正构体的闪点低，火灾危险性大。氯、羟基、氨基等芳烃苯环上的氢取代衍生物，火灾危险性比芳烃本身低，取代基越多，火灾危险性越低。但硝基衍生物恰恰相反，取代基越多，爆炸危险性越大。同系有机化合物，如烷或烃的含氧化合物，相对分子质量越大，沸点越高，闪点也越高，火灾危险性越小。但是相对分子质量大的液体，一般发热量高，蓄热条件好，自燃点低，受热容易自燃。

（三）固体火灾爆炸危险性指标

固体的火灾爆炸危险性主要取决于固体的熔点、着火点、自燃点、比表面积及热分解性能等。固体燃烧一般要在气化状态下进行。熔点低的固体物质容易蒸发或气化，着火点低的固体则容易起火。许多低熔点的金属有闪燃现象，其闪点大都在100℃以下。固体的自燃点越低，越容易着火。固体物质中分子间隔小，密度大，受热时蓄热条件好，所以它们的自燃点一般都低于可燃液体和可燃气体。粉状固体的自燃点比块状固体低一些，其受热自燃的危险性要大一些。

固体物质的氧化燃烧是从固体表面开始的，所以，固体的比表面积越大，和空气中氧的接触机会越多，燃烧的危险性越大。许多固体化合物含有容易游离的氧原子或不稳定的单体，受热后极易分解释放出大量的气体和热量，从而引发燃烧和爆炸，如硝基化合物、硝酸酯、高氯酸盐、过氧化物等。物质的热分解温度越低，其火灾爆炸危险性就越大。

三、化学反应的火灾爆炸危险

（一）氧化反应

所有含有碳和氢的有机物质都是可燃的，特别是沸点较低的液体被认为有严重的火险。如汽油类、石蜡油类、醚类、醇类、酮类等有机化合物，都是具有火险的液体。许多燃烧性物质在常温下与空气接触就能反应释放出热量，如果热量的释放速率大于消耗速率，就会引发燃烧。

在通常工业条件下易于起火的物质被认为具有严重的火险，如粉状金属、硼化氢、磷化氢等自燃性物质，闪点等于或低于28℃的液体，以及易燃气体，这些物质在加工或储存时，必须与空气隔绝，或是在较低的温度条件下。

在燃烧和爆炸条件下，所有燃烧性物质都是危险的，这不仅是由于存在足够多的将其点燃并释放出危险烟雾的热量，而且由于小的爆炸有可能扩展为易燃粉尘云，引发更大的爆炸。

（二）水敏性反应

许多物质与水、水蒸气或水溶液发生放热反应，释放出易燃或爆炸性气体。这些物质包括锂、钠、钾、钙、钕、铯以上金属的合金或汞齐、氢化物、氮化物、硫化物、碳化物、硼化物、硅化物、碲化物、硒化物、砷化物、磷化物、酸酐、浓酸或浓碱。

在上述物质中，截至氢化物的八种物质，与潮气会发生程度不同的放热反应，并释放出氢气。从氮化物到磷化物的九种物质，与潮气会发生程度不同的迅速反应，并生成挥发性的、易燃的，有时是自燃或爆炸性的氢化物。酸酐、浓酸或浓碱与潮气作用只是释放出热量。

（三）酸敏性反应

许多物质与酸和酸蒸气发生放热反应，释放出氢气和其他易燃或爆炸性气体，这些物质包括前述的除酸酐和浓酸以外的水敏性物质，金属和结构合金，以及砷、硒、碲和氰化物等。

四、防火防爆措施

把人员伤亡和财产损失降至最低限度是防火防爆的基本目的。预防发生、限制扩大、灭火熄爆是防火防爆的基本原则。对于易燃易爆物质的安全处理，以及对于引发火灾和爆炸的点火源的安全控制是防火防爆的基本内容。

（一）易燃易爆物质安全防护

对于易燃易爆气体混合物，应该避免在爆炸范围之内加工。可采取下列措施：

1. 限制易燃气体组分的浓度在爆炸下限以下或爆炸上限以上；

2. 用惰性气体取代空气；

3. 把氧气浓度降至极限值以下。

对于易燃易爆液体，加工时应该避免使其蒸气的浓度达到爆炸下限。可采取下列措施：

1. 在液面之上施加惰性气体保护；

2. 降低加工温度，保持较低的蒸气压，使其无法达到爆炸浓度。

对于易燃易爆固体，加工时应该避免暴热使其蒸气达到爆炸浓度，应该避免形成爆炸性粉尘。可采取下列措施：

1. 粉碎、研磨、筛分时，施加惰性气体保护；

2. 加工设备配置充分的降温设施，迅速移除摩擦热、撞击热；

3. 加工场所配置良好的通风设施，使易燃粉尘迅速排除，不至于达到爆炸浓度。

（二）点火源的安全控制

对于点火源的控制，本书不做重点介绍，这里仅对引发火灾爆炸事故较多的几种火源加以说明。

1. 明火

明火主要是指生产过程中的加热用火、维修用火及其他火源。加热易燃液体时，应尽量避免采用明火，而应采用蒸汽、过热水或其他热载体加热。如果必须采用明火，设备应该严格密闭，燃烧室与设备应该隔离设置。凡是用明火加热的装置，必须与有火灾爆炸危险的装置相隔一定的安全距离，防止装置泄漏引起火灾。在有火灾爆炸危险的场所，应采用防爆照明电器。

在有易燃易爆物质的工艺加工区，应该严格控制切割和焊接等动火作业，将需要动火的设备和管段拆卸至安全地点维修。进行切割和焊接作业时，应严格执行动火作业安全规定。在可能积存有易燃液体或易燃气体的管沟、下水道、渗坑内及其附近，在危险消除之前不得进行动火作业。

2. 摩擦与撞击

在化工行业中，摩擦与撞击是许多火灾和爆炸的重要原因。如机器上的轴承等转动部分摩擦发热起火；金属零件、螺钉等落入粉碎机、提升机、反应器等设备内，由于铁器和机件撞击起火；铁器工具与混凝土地面撞击产生火花等。

机器轴承要及时加油，保持润滑，并经常清除附着的可燃污垢。可能摩擦或撞击的两部分应采用不同的金属制造，摩擦或撞击时便不会产生火花。铅、铜和铝都不发生火花，而铍青铜的硬度不逊于钢。为避免撞击起火，应该使用铍青铜或镀铜钢的工具，设备或管道容易遭受撞击的部位应该用不产生火花的材料覆盖起来。

搬运盛装易燃液体或气体的金属容器时，不要抛掷、拖拉、震动，防止互相撞击，以免产生火花。防火区严禁穿带钉子的鞋，地面应铺设不发生火花的软质材料。

3. 高温热表面

加热装置、高温物料输送管道和机泵等，其表面温度都比较高，应防止可燃物落于其上而着火。可燃物的排放口应远离高温热表面。如果高温设备和管道与可燃物装置比较接近，高温热表面应该有隔热措施。加热温度高于物料自燃点的工艺过程，应严防物料外泄或空气进入系统。

4. 电气火花

电气设备所引起的火灾爆炸事故，多由电弧、电火花、电热或漏电造成。在火灾爆炸危险场所，根据实际情况，在不至于引起运行上特殊困难的条件下，应该首先考虑把电气设备安装在危险场所以外区域或另设正压通风隔离。在火灾爆炸危险场所，应尽量少用携带式电气设备。

根据电气设备产生火花、电弧的情况以及电气设备表面的发热温度，对电气设备本身采取各种防爆措施，以供在火灾爆炸危险场所使用。火灾爆炸危险场所在选用电气设备时，应该根据危险场所的类别、等级和电火花形成的条件，并结合物料的危险性，选择相应的电气设备，所选择防爆电气设备必须与爆炸性混合物的危险程度相适应。一般是根据爆炸混合物的等级选用电气设备的。防爆电器设备所适用的级别和组别应不低于场所内爆炸性混合物的级别和组别。当场所内存在两种以上的爆炸性混合物时，应按危险程度较高的级别和组别选用电气设备。

五、防火防爆基本方法

为了防火防爆安全，对火灾爆炸危险性比较大的物料，应该采取安全措施。首先应考虑通过优化工艺设计，用火灾爆炸危险性较小的物料代替火灾爆炸危险性较大的物料。如果不具备上述条件，则应该根据物料的燃烧爆炸性能采取相应的措施，如密闭或通风、惰性介质保护、降低物料蒸气浓度、减压操作以及其他能提高安全性的措施。

（一）用难燃溶剂代替可燃溶剂

在萃取、吸收等单元操作中，采用的多为易燃有机溶剂。用燃烧性能较差的溶剂代替易燃溶剂，会显著改善操作的安全性。选择燃烧危险性较小的液体溶剂，沸点和蒸气压数据是重要依据。对于沸点高于110℃的液体溶剂，常温（约20℃）时蒸气压较低，其蒸气不足以达到爆炸浓度。如醋酸戊酯在20℃的蒸气压为800Pa，其蒸气浓度 $c = 44g \cdot m^{-3}$，而醋酸戊酯的爆炸浓度范围为 $119 \sim 541g \cdot m^{-3}$、常温浓度只是比爆炸下限的三分之一略高一些。除醋酸戊酯以外，丁醇、戊醇、乙二醇、氯苯、二甲苯等都是沸点在110℃以上燃烧危险性较小的液体。

在许多情况下，可以用不燃液体代替可燃液体，这类液体有氯的甲烷及乙烯衍生物，如二氯甲烷、三氯甲烷、四氯化碳、三氯乙烯等。例如，为了溶解脂肪、油脂、树脂、沥青、橡胶以及油漆，可以用四氯化碳代替有燃烧危险的液体溶剂。

使用氯代烃时必须考虑其蒸气的毒性，以及发生火灾时可能分解释放出光气。为了防止中毒，设备必须密闭，室内浓度不应超过规定浓度，发生事故时工作人员要戴防毒面具。

（二）根据燃烧性物质特性处理

遇空气或遇水燃烧的物质，应该隔绝空气或采取防水、防潮措施，以免燃烧或爆炸事故发生。燃烧性物质不能与性质相抵触的物质混存、混用；遇酸、碱有分解爆炸危险的物质应该防止与酸碱接触；对机械作用比较敏感的物质要轻拿轻放。燃烧性液体或气体，应该根据它们的密度考虑适宜的排污方法；根据它们的闪点、爆炸范围、扩散性等采取相应的防火防爆措施。

对于自燃性物质，在加工或储存时应该采取通风、散热、降温等措施，以防其达到自燃点，引发燃烧或爆炸。多数气体、蒸气或粉尘的自燃点都在 400℃ 以上，在很多场合要有明火或火花才能起火，必须严格控制火源，才能实现防火的目的。有些气体、蒸气或固体易燃物的自燃点很低，只有采取充分的降温措施，才能有效地避免自燃。有些液体，如乙醚，受阳光作用能生成危险的过氧化物，对于这些液体，应采取避光措施，盛放于金属桶或深色玻璃瓶中。

有些物质能够提高易燃液体的自燃点，如在汽油中添加四乙基铅，就是为了增加汽油的易燃性。而另外一些物质，如矾、铁、钴、镍的氧化物，则可以降低易燃液体的自燃点，对于这些情况应予以注意。

（三）密闭和通风措施

为了防止易燃气体、蒸气或可燃粉尘泄漏与空气混合形成爆炸性混合物，设备应该密闭，特别是带压设备更需要保持密闭性。如果设备或管道密封不良，正压操作时会因可燃物泄漏使附近空气达到爆炸下限；负压操作时会因空气进入设备内部而达到可燃物的爆炸上限。开口容器、破损的铁桶、没有防护措施的玻璃瓶不得盛贮易燃液体。不耐压的容器不得盛贮压缩气体或加压液体，以防容器破裂造成事故。

为了保证设备的密闭性，对于危险设备和系统，应尽量少用法兰连接。输送危险液体或气体，应采用无缝管。负压操作可防止爆炸性气体往外泄漏，但在负压下操作，要特别注意清理设备打开排空阀时，不要让大量空气吸入。

加压或减压设备，在投产或定期检验时，应检查其密闭性和耐压程度。所有压缩机、机泵、导管、阀门、法兰、接头等容易漏油、漏气的机件和部位应该经常检查。填料如有损坏应立即更换，以防渗漏。操作压力必须控制在设计压力内，不得超压，压力过高，轻则密闭性遭破坏，渗漏加剧；重则设备破裂，造成事故。

氧化剂如高锰酸钾、氯酸钾、铬酸钠、硝酸铵、漂白粉等粉尘加工的传动装置，密闭性能必须良好，要定期清洗传动装置，及时更换润滑剂，防止粉尘渗进变速箱与润滑油相混，由于蜗轮、蜗杆摩擦生热而引发爆炸。

即使设备密封很严，但总会有部分气体、蒸气或粉尘外逸，必须采取措施使可燃物的浓度降至最低。同时还要考虑到爆炸物的量虽然极微，但也有局部浓度达到爆炸范围的可能。完全依靠设备密闭，消除可燃物在厂房内的存在是不可能的。往往借助通风来降低车间内空气中可燃物的浓度。通风可分为机械通风和自然通风；按换气方式也可分为排风和送风。

对于有火灾爆炸危险的厂房的通风，由于空气中含有易燃气体，所以不能循环使用。排除或输送温度超过80℃的空气、燃烧性气体或粉尘的设备，应该用非燃烧材料制成。空气中含有易燃气体或粉尘的厂房，应选用不产生火花的通风机械和调节设备。含有爆炸性粉尘的空气，在进入排风机前应进行净化，防止粉尘进入排风机。排风管道应直接通往室外安全处，排风管道不宜穿过防火墙或非燃烧材料的楼板等防火分隔物，以免发生火灾时，火势顺管道通过防火分隔物。

（四）惰性气体保护作用

惰性气体反应活性较差，常用作保护气体。惰性气体保护是指用惰性气体稀释可燃气体、蒸气或粉尘的爆炸性混合物，以抑制其燃烧或爆炸。常用的惰性气体有氮气、二氧化碳、水蒸气以及卤代烃等燃烧阻滞剂。

易燃固体物料在粉碎、研磨、筛分、混合以及粉状物料输送时，应施加惰性气体保护。输送易燃液体物料的压缩气体应选用惰性气体。易燃气体在加工过程中，应该用惰性气体做稀释剂。对于有火灾爆炸危险的工艺装置、贮罐、管道等，应该配备惰性气体，以备发生危险时使用。

（五）减压操作

化工物料的干燥，许多是从湿物料中蒸发出其中的易燃溶剂。如果易燃溶剂蒸气在爆炸下限以下的浓度范围，便不会引发燃烧或爆炸。为了满足上述条件，这类物料的干燥，一般是在负压下操作。文献中的爆炸极限数据多为20℃、标准大气压下的体积分数。所以，由爆炸下限不难计算出溶剂蒸气的分压，如果干燥压力在此分压以下，便不会发生燃烧或爆炸。爆炸下限下的易燃蒸气的分压即为减压操作的安全压力。

实际上，在减压条件下，干燥箱中的空气完全被溶剂蒸气排除，从而消除了爆炸条件。此时溶剂蒸气与空气比较，相对浓度很大，但单位体积的质量数却很小。减压操作应用的实质是将质量浓度控制在爆炸下限以下。

六、火灾和爆炸的局限化措施

（一）安全装置和局限化设施

1. 安全装置

一般安全装置有温度控制装置、成分控制装置和火源切断装置。温度控制装置则包括防止火焰传播的装置，如冷却器、安全罩、填充环、阻火器、隔离设施等；成分控制装置主要是控制聚合或分解的装置，主要用于添加反应抑制剂，提供冷却作用等；火源切断装置主要是预防着火的装置，如蒸汽幕、惰性气体幕、水幕等。

2. 局限化设施

局限化设施包括泄压设施、截流设施和应急设施等。高压泄压设施有安全阀、回流阀、泄料阀、放空阀等；低压泄压设施有密封装置、排气装置、吸收装置、安全板等。截流设施则有紧急截断阀、防止过流阀、止逆阀等。应急设施有紧急切断电源、紧急停车、紧急断流、紧急分流、紧急排放、紧急冷却、紧急通入惰性气体、紧急加入反应抑制剂的装置和设施等。

有警示作用的测量仪表有液面计、压力计、温度计、流量计、浓度计、密度计、pH值测量仪、气体检测器等。警示装置则有蜂鸣器、警铃、指示灯等。

局限化的防护设施有防火堤、燃烧池、隔断墙、防火墙、防爆墙等。避难设施则有电话、警笛、扩音器等信号装置，指示撤离方向的标志以及安全通道、安全梯等。

3. 阻火防爆设施

阻火设施包括安全液封、阻火器和单向阀等，其作用是防止外部火焰蹿入有燃烧爆炸危险的设备、容器和管道，或阻止火焰在设备和管道间蔓延和扩散。各种气体发生器或气柜多用液封阻火。高热设备、燃烧室和高温反应器与输送易燃蒸气或气体的管道之间，以及易燃液体或气体的容器和设备的排气管中，多用阻火器阻火。对于只允许流体单向流动，防止高压蹿入低压以及防止回火的情形，应采用单向阀。为了防止火焰沿通风管道或生产管道蔓延，宜采用阻火闸门。

防爆泄压设施，包括安全阀、爆破片、防爆门和放空管等。安全阀主要用于防止物理性爆炸；爆破片主要用于防止化学爆炸；防爆门、防爆球阀主要用在加热炉上；放空阀用来紧急排泄有超温、超压、爆聚和分解爆炸的物料。有些化学反应设备，除有紧急放空管外，还设置安全阀、爆破片、事故槽等几种中的一种或多种设施。

（二）可燃物泄漏的预防措施

工艺过程中排污或取样时的误操作，泵压盖或密封发生故障，设备腐蚀或结合处损坏，装置准备维修或维修后试运转时出现故障，机械损坏或材料缺陷等，都可能造成可燃物的大量泄漏。大量可燃物的泄漏对化工安全威胁极大，许多重大事故都是从泄漏开始的。

泄漏可以分为从设备向大气泄漏、设备内部泄漏以及由设备外部吸入三种类型。按照压力划分则有高压喷出、常压流出和真空吸入。防止泄漏应根据泄漏的类型、泄漏压力和泄漏时间选择适当的方法。在装置设计和安装时，应该同时着手防止泄漏方案的设计；在装置运行和维护时，应该实行操作检查的预防措施；在紧急情况下，要有制止突然泄漏的应急措施。

为了防止可燃物大量泄漏引起燃烧爆炸事故，必须设置完善的检测报警系统，并尽可能与生产调节系统和处理装置联锁，尽量减少损失。装置区应设置可燃和有毒有害气体泄漏检测仪，一旦物料泄漏，立即发出声光报警。在紧急情况下，中央控制室可以自动实行停车处理，开启灭火喷淋设施，把蒸气冷凝，液态烃用事故处理槽回收，并施加惰性介质保护。大量喷水系统可以在起火装置周围和内部布成水幕，冷却有机介质，同时防止其泄漏到其他装置中。自动喷淋系统可以由火焰或温度引发动作；也可以采用蒸汽幕进行灭火。

第五节　电气安全技术

一、预防人身触电

电力是生产和人民生活必不可少的能源，由于电力生产和使用的特殊性，在生产和使用过程中，如果不注意安全，就会造成人身伤亡事故，给企业财产带来损失，特别是石油化工生产的连续性以及化工生产的原材料多为易燃、易爆、腐蚀严重和有毒的物质。因此，提高对安全用电的认识和安全用电技术的水平，落实保证安全工作的技术措施和组织措施，防止各种电气设备事故和人身触电事故的发生就显得非常重要。

（一）人身触电的原因

1. 没有遵守安全工作规程，人体直接接触或过于靠近电气设备的带电部分；

2. 电气设备安装不符合规程的要求，带电体的对地距离不够；

3. 人体触及因绝缘损坏而带电的电气设备外壳和与之相连接的金属构架；

4. 靠近电气设备的绝缘损坏处或其他带电部分的接地短路处，遭到较高电位所引起的伤害；

5. 对电气常识不懂，乱拉电线、电灯，乱动电气用具造成触电。

根据电流通过人体所引起的感觉和反应不同可将电流分为以下三种：

一是感知电流。会引起人的感觉的最小电流称为感知电流。实验资料表明，对于不同的人，感知电流也不相同：成年男性平均感知电流约为 1.1mA；成年女性约为 0.7mA。

二是摆脱电流。人触电以后能自主摆脱电源的最大电流称为摆脱电流。实验资料表明，对于不同的人，摆脱电流也不相同：成年男性的平均摆脱电流约为 16mA；成年女性平均摆脱电流约为 10.5mA。成年男性最小摆脱电流约为 9mA；成年女性的最小摆脱电流约为 6mA。在装有防止触电的保护装置的场合，人体允许的工频电流约 30mA。

三是致命电流。在较短时间内危及生命的最小电流称为致命电流。在电流不超过数百毫安的情况下，电击致死的主要原因是电流引起的心室颤动或窒息。因此，可以认为引起心室颤动的电流即为致命电流。

（二）电流对人体的伤害

电流对人体的伤害主要分为电击伤和电伤两种。

1. 电击伤

人体触电后由于电流通过人体的各部位而造成的内部器官在生理上的变化，如呼吸中枢麻痹、肌肉痉挛、心室颤动、呼吸停止等。

2. 电伤

当人体触电时，电流对人体外部造成的伤害，称为电伤。如电灼伤、电烙印、皮肤金属化等。

（1）电灼伤

一般有接触灼伤和电弧灼伤两种，接触灼伤多发生在高压触电事故时电流通过人体皮肤的进出口处，灼伤处呈黄色或褐黑色并累及皮下组织、肌腱、肌肉、神经和血管，甚至使骨骼显碳化状态，一般治疗期较长，电弧灼伤多是由带负荷拉、合刀闸，带地线合闸时产生的强烈电弧引起的，其情况与火焰烧伤相似，会使皮肤发红、起疱、烧焦组织，并使其坏死。

（2）电烙印

它发生在人体与带电体有良好的接触，但人体不被电击的情况下，在皮肤表面留下和接触带电体形状相似的肿块痕迹，一般不发炎或化脓，但往往造成局部麻木和失去知觉。

（3）皮肤金属化

由于高温电弧使周围金属熔化、蒸发并飞溅渗透到皮肤表层所形成。皮肤金属化后，表面粗糙、坚硬。根据熔化的金属不同，呈现特殊颜色，一般铅呈现灰黄色，紫铜呈现绿色，黄铜呈现蓝绿色，金属化后的皮肤经过一段时间能自行脱离，不会有不良的后果。

此外，发生触电事故时，常常伴随高空摔跌，或基于其他原因所造成的纯机械性创伤，这虽与触电有关，但不属于电流对人体的直接伤害。

（三）人体触电方式

人体触电一般分为人体与带电体直接接触触电、跨步电压触电、接触电压触电等几种形式。

1. 人体与带电体直接接触触电

人体与带电体直接接触触电又分为单相触电和两相触电。

（1）单相触电

当人体直接接触带电设备的其中一相时，电流通过人体流入大地，这种触电现象称为单相触电。对于高压带电体，在人体虽然未直接接触，但小于安全距离时，高电压对人体放电，造成单相接地引起触电的，也属于单相触电。

（2）两相触电

人体同时接触带电设备或线路中两相导体，或在高压系统中，人体同时接近不同相的两相带电导体，而发生电弧放电、电流从一相通过人体流入另一相导体，构成一个闭合回路，这种触电方式称为两相触电。

2. 跨步电压触电

当电器设备发生接地故障时，接地电流通过接地体向大地流散，在地面上形成分布电位。这时，若人在接地故障点周围行走，其两脚之间（人的跨步一般按0.8m考虑）的电位差，就是跨步电压。由跨步电压引起的人体触电，叫跨步电压触电。

人体在跨步电压的作用下，虽然没有与带电体接触，也没有放弧现象，但电流沿着人的下肢，从脚经胯部又到脚与大地形成通路。触电时先是脚发麻，后跌倒。当受到较高的跨步电压时，双脚会抽搐，并立即跌倒在地。由于头脚之间距离大，故作用于人身体上的电压增高，电流相应增大，而且有可能使电流经过人体的路径改变为经过人体的重要器官，如从头到手和脚。经验证明，人倒地后，即使电压只持续2秒，也会有致命危险。

跨步电压的大小取决于人体与接地点的距离，距离越近，跨步电压越大。当一脚踩在接地点上时，跨步电压将达到最大值。

3. 接触电压触电

如果人体同时接触具有不同电压的两点，则在人体内有电流通过，此时加在人体两点之间的电压差称为接触电压。

（四）防止人身触电的措施

人身触电事故的发生，一般不外乎以下两种情况：一是人体直接触及或过分靠近电气设备的带电部分；二是人体碰触平时不带电，但因绝缘损坏而带电的金属外壳或金属构架。针对这两种人身触电情况，必须在电气设备本身采取措施以及在从事电气工作时采取妥善的保证人身安全的技术措施和组织措施。

1. 保护接地和保护接零

电气设备的保护接地和保护接零是为防止人体触及绝缘损坏的电气设备所引起的触电事故而采取的有效措施。保护接地是将电气设备的金属外壳与接地体相连接，应用于中性点不接地的三相三线制系统中；保护接零是将电气设备的金属外壳与变压器的中性线相连接，应用于中性点不接地的三相四线制和三相五线制的保护接零系统中。保护接地和保护接零是电气安全技术中的重要内容。

2. 安全电压

所谓安全电压是指为了防止触电事故而采用的由特定电源供电的电压系列。这个电压系列的上限值，在正常和故障情况下，任何两导体间或任意导体与地之间均不得超过交流（50～500Hz）有效值50V。一般情况下，人体允许电流可按摆脱电流考虑。在装有防止触电速断保护装置的场合，人体允许电流可按30mA考虑。在容易发生严重二次事故的场合，应按不引起强烈反应的5mA考虑。国际电工委员会规定安全电压（接触电压限定值）为50V，并规定25V以下者不须考虑防止直接电击的安全措施。

3. 漏电保护装置

漏电保护装置的作用主要是为了防止因漏电引起触电事故和防止单相触电事故，其次是为了防止由漏电引起的火灾事故以及监视或切除一相接地故障。此外，有的漏电保护器还能切除三相电动机单相运行（缺一相运行）故障。适用于1000V以下的低压系统，凡有可能触及带电部件或在潮湿场所装有电气设备时，均应装设漏电保护装置，以保障人身安全。

目前我国漏电保护装置有电压型和电流型两大类，分别用于中性点不直接接地和中性点直接接地的低压供电系统中。漏电保护装置在对人身安全的保护作用方面远比接地、接零保护优越，并且效果显著，已逐步得到广泛应用。

（1）通常情况下使用的漏电保护器动作电流为 30mA，动作时间不大于 0.1 秒。

（2）在金属容器或特别潮湿场所漏电保护器动作电流为 15mA，动作时间不大于 0.1 秒。

（3）在涉水作业或浸泡水中漏电保护器动作电流为 4mA，动作时间不大于 0.1 秒。

4. 保证安全的组织措施

（1）凡电气工作人员必须精神正常，身体无妨碍工作的禁忌证，熟悉本职业务，并经考试合格。另外，还要学会紧急救护法，特别是心肺复苏法等人工呼吸操作。

（2）在电气设备上工作，应严格遵守工作票制度、操作票制度、工作许可制度、工作监护制度、工作间断、转移和终结制度。

（3）把好电气工程项目的设计关、施工关，规范设计，正确选型，电气设备质量应符合国家标准和有关规定，施工安装质量应符合规程要求。

5. 保证安全的技术措施

（1）在全部停电或部分停电的电气设备或线路上工作，必须完成停电、验电、装设接地线、挂标示牌和装设遮拦等技术措施。

（2）工作人员在进行工作时，正常活动范围与带电设备的距离应不小于表 4-10 的规定。

表 4-10　工作人员工作中正常活动范围与带电设备的安全距离

设备电压/kV	≤10	10~35	44	60~110	154	220	330	500
人与带电部分的距离/m	0.35	0.60	0.9	1.50	2.0	3.0	4.0	5.0

（3）电气安全用具。为了防止电气人员在工作中发生触电、电弧灼伤、高空摔跌等事故，必须使用经试验合格的电气安全工具，如绝缘棒、绝缘夹钳、绝缘挡板、绝缘手套、绝缘靴、绝缘鞋、绝缘台、绝缘垫、验电器、高压核相器、高低压型电流表等；还应使用一般防护安全工具，如携带型接地线、临时遮拦、警告牌、护目镜、安全带等。

二、触电后的紧急救护

人体触电后会出现肌肉收缩、神经麻痹、呼吸中断、心跳停止等征象，表面上呈现昏迷不醒状态，此时并不一定是死亡，而是"假死"，如果立即急救，绝大多数的触电者可以苏醒。关键在于能否迅速使触电者脱离电源，并及时、正确地施行救护。

（一）脱离电源

通常采用下列方法：如果触电者离电源开关或插销较近，可将开关拉开或把插销拔掉；也可以用干燥的衣服、绳索、木棒、木板等绝缘物做工具，拨开触电者身上的电线或移动触电者脱离电源，切不可直接用手或其他金属及潮湿物件作为急救工具；如果触电者所在的地方较高，需要注意停电后从高处摔下的危险，应预先采取保证触电者安全的措施。

（二）紧急救护

救护触电者所采用的紧急救护方法，应根据触电者下列三种情况来决定：

1. 如果触电者还没有失去知觉，只是在触电过程中曾一度昏迷，或因触电时间较长而感到不适，必须使触电者保持安静，严密观察，并请医生前来诊治，或送往医院。

2. 如果触电者已失去知觉，但心脏跳动和呼吸尚存在，应当使触电者舒适、平坦、安静地平卧在空气流通场所，解开衣服，以利呼吸，摩擦全身，使之发热，如天气寒冷还要注意保温，并迅速请医生诊治。如果触电者呼吸困难，呼吸稀少，不时发生痉挛现象，应准备施行心脏停止跳动或呼吸停止时的人工呼吸。

3. 如发现脉搏及心脏跳动停止，仍然不可认为已经死亡（触电人常有假死现象）。在这种情况下应立即施行人工呼吸，进行紧急救护。这种救护最好就地进行。如果现场威胁着触电人和救护人员的安全，不可能就地紧急救护时，应速将触电人抬到就近地方抢救，切忌不经抢救而长距离运输，以免失去救活的时机。

三、静电危害与防护

静电是由物体间的相互摩擦或感应而产生的。石油化工生产过程中，气体、液体、粉体的输送、排出，液体的混合、搅拌、过滤、喷涂，固体的粉碎、研磨，粉尘的混合、筛分等，都会产生静电，有时静电电压高达数万伏，对静电防护稍有疏忽，就可能导致火灾、爆炸和人身触电，有时则干扰正常生产和影响产品质量，因此，我们有必要了解静电产生的原因及可能造成的危害，并采取切实可行的防护措施。

（一）静电的产生

当两种不同性质的物体相互摩擦或紧密接触后迅速剥离时，由于它们对电子的吸引力大小各不相同，就会发生电子转移。一物失去部分电子而带正电，另一物获得部分电子而带负电。如果该物体与大地绝缘，则电荷无法泄漏，停留在物体的内部或表面呈相对静止状态，这种电荷就称静电。

静电产生的原因很多，但主要可以从物质内部特性和外界条件的影响两个方面来说明。

1. 内部特性

（1）物质的逸出功不同

由于不同物质使电子脱离原来物体表面所需的外界做的功（称为逸出功）不同，当它们紧密接触时，在接触面上就会发生电子转移，逸出功小的物质失去电子而带正电荷，逸出功大的物质则得到电子而带负电荷。各种物质电子逸出功的不同是产生静电的基础。

（2）物质的电阻率不同

静电的产生与物质的导电性能有很大关系，它以电阻率来表示。电阻率越小，导电性能越好。根据大量实验得出的结论，物质的电阻率小于 $10^6\Omega\cdot cm$ 时，因其本身具有较好的导电性能，静电将很快泄漏。电阻率在 $10^6\sim 10^{10}\Omega\cdot cm$ 的物质，通常带电量是不大的，不易产生静电。电阻率在 $10^{10}\sim 10^{15}\Omega\cdot cm$ 的物质，最易带静电，是防静电工作的重点对象。如汽油、苯、乙醚等，它们的电阻率在 $10^{11}\sim 10^{15}\Omega\cdot cm$ 时，静电很容易产生并积聚。但当电阻率大于 $10^{15}\Omega\cdot cm$ 时，物质就不易产生静电，可一旦产生静电，就难以消除。因此，电阻率的大小是静电能否积聚的条件。

必须指出，水是静电的良导体，但当少量水夹在绝缘油品中，因为水滴与油品相对流动时要产生静电，反而会使油品静电量增加。金属是良导体，但当它与大地绝缘时，就和绝缘体一样，也会带有静电。

（3）介电常数不同

介电常数也称电容率，是决定电容的一个主要因素。在具体配置条件下，物体的电容与电阻相结合，决定了静电的消散规律，是影响电荷积聚的另一因素。对于液体，介电常数大的一般电阻率低。如果液体相对介电常数大于 20，并以"连续相"存在及接地，一般来说，不管是输送还是储运，都不大可能积聚静电。

2. 外部作用条件

（1）紧密接触与迅速分离

两种不同的物质通过紧密接触与迅速分离的过程，将外部能量转变为静电能量，并储存于物质之中。其主要表现形式除摩擦外，还有撕裂、剥离、拉伸、加捻、撞击、挤压、过滤及粉碎等。

（2）附着带电

某种极性离子或自由电子附着在与大地绝缘的物体上，也能使该物体呈带静电的现象。人在有带电微粒的场合活动后，由于带电微粒吸附于人体，因而也会带电。

（3）感应起电

带电物体能使附近与它并不相连的另一导体表面的不同部位也出现极性相反的电

荷，这种现象为感应起电。

（4）极化起电

绝缘体在静电场内，其内部或表面的分子能产生极化而出现电荷的现象，叫静电极化作用。如在绝缘容器内盛装带有静电的物体时，容器的外壁也具有带电性。

（二）静电的危害

生产过程中产生的静电可能会引起爆炸和火灾，也可能会产生电击，还可能妨碍生产。其中：爆炸或火灾的危害和危险最大。在很多情况下会产生静电，但是产生静电并非危险所在，危险在于静电的积累以及由此产生的静电电荷的放电。

1. 静电火花引起燃烧爆炸

如果在接地良好的导体上产生静电后，静电会很快泄漏到大地中，但如果是绝缘体上产生静电，则电荷会越聚越多，形成很高的电位。当带电体与不带电体或静电电位很低的物体接近时，如电位差达到300V以上，就会发生放电现象，并产生火花。静电放电的火花能量达到或大于周围可燃物的最小点火能量，而且可燃物在空气中的浓度或含量也已在爆炸极限范围以内时，就能立即引起燃烧或爆炸。

2. 电击

人在活动过程中，由于衣着等固体物质的接触和分离及人体接近带电体产生静电感应，均可产生静电。当人体与其他物体之间发生放电时，人即遭到电击。因为这种电击是通过放电造成的，所以电击时人的感觉与放电能量有关，也就是说静电电击严重程度取决于人体电容的大小和人体电压的高低。人体对地电容多为数十至数百皮法（PF），当人体电容为100PF时，人体静电放电电击强度见表4-11。

表4-11　人体带电与电击强度的关系

人体带电电位/kV	电击强度	备注
1.0	完全无感觉	
2.0	手指外侧有感觉，但不疼	
2.5	有针触的感觉，有哆嗦感，但不疼	
3.0	有被针刺的感觉，微疼	
4.0	有被针深刺的感觉，手指微疼	
5.0	从手掌到前腕感到疼	发出微弱的放电声
6.0	手指感到剧疼，后腕感到沉重	看见放电的晕光

续表

人体带电电位/kV	电击强度	备注
7.0	手指和手掌感到剧疼，有微麻木感觉	从指尖延展放电，发光
8.0	从手掌到前腕有麻木的感觉	
9.0	手腕感到剧疼，手感到麻木沉重	
10.0	整个手感到疼，有电流过的感觉	
11.0	手指感到剧麻，整个手感到被强烈地电击	
12.0	整个手感到被强烈地打击	

由于静电能量较小，所以，生产过程中产生的静电所引起的电击不会对人体产生直接危害，但人体可能因电击坠落或摔倒而造成所谓的二次事故。电击还可能使工作人员精神紧张，妨碍工作。

3. 妨碍生产

在某些生产过程中，如不消除静电，将会妨碍生产或降低产品质量。

随着涤纶、腈纶和锦纶等合成纤维的应用，静电问题变得十分突出。例如，在抽丝过程中，每根丝都要从直径百分之几毫米的小孔挤出，产生较多静电，由于静电电场力的作用，使丝飘动、黏合、纠结等，妨碍工作。在粉体加工行业，生产过程中产生的静电除会发生粉尘爆炸事故外，还会降低生产效率，影响产品质量。例如，粉体筛分时，由于静电电场力的作用而吸附细微的粉末，使筛目变小，降低生产效率。在塑料和橡胶行业，由于制品和辐轴的摩擦及制品的挤压和拉伸，会产生较多静电，如果不能迅速消除会吸附大量灰尘。

（三）静电防护基本方法

防止静电危害有两条主要途径：一是创造条件，加速工艺过程中静电的泄漏或中和，限制静电的积累，使其不超过安全限度；二是控制工艺过程，限制静电的产生，使之不超过安全限度。第一条途径包括两种方法，即泄漏法和中和法。接地、增湿、添加抗静电剂、涂导电涂料等具体措施均属于泄漏法；第二条途径包括材料选择、工艺设计、设备结构等方面所采取的相应措施。

1. 控制静电场合的危险程度

在静电放电时，周围有可燃物存在是酿成静电火灾和爆炸事故的最基本条件。因此，控制或排除放电场合的可燃物，成为防静电的重要措施。

（1）用非可燃物取代易燃介质

在许多石油化工行业的生产过程中，都要大量地使用有机溶剂和易燃液体（如煤油、汽油和甲苯等），而这些燃点很低的液体很容易在常温常压下形成爆炸混合物，导致发生火灾或爆炸事故。如果在清洗设备和在精密加工去油过程中，用非燃烧性洗涤剂取代上面的液体（非可燃性洗涤剂如苛性钠、磷酸三钠、碳酸钠、水玻璃、水溶液等），可减少爆炸事故的发生。

（2）降低爆炸性混合物在空气中的浓度

当可燃性液体的蒸气与空气混合，达到爆炸极限浓度范围时，如遇上火源就会发生火灾和爆炸事故。因为爆炸温度存在上限和下限，在此范围内，可燃物产生的蒸气与空气混合的浓度也在爆炸极限的范围内，所以可以利用控制爆炸温度来限制可燃物的爆炸浓度。

（3）减少氧含量或采取强制通风措施

限制或减少空气中的氧含量，能使可燃物达不到爆炸极限浓度。可使用惰性气体来减少空气中的氧含量，通常氧含量在不超过8%时就不会使可燃物引起燃烧和爆炸。一旦可燃物接近爆炸浓度时采用强制通风的办法使可燃物被抽走，让新鲜空气得到补充，则不会引起事故。

2. 减少静电荷的产生

静电事故的基础条件是静电荷的大量产生，所以，可以人为地控制和减少静电荷的产生，同时不让点火源存在。

（1）正确选择材料

①在材料的制作工艺和生产过程中，可选择电阻率在 $109\Omega\cdot m$ 以下的固体材料，以减少摩擦起电。尽量采用金属或导电塑料以避免静电荷的产生和积累。

②按带电序列选用不同材料。因为不同物体之间相互摩擦，物体上所带电荷的极性与其在带电序列中的位置有关。一般在带电序列前面的材料相互摩擦后是带正电，而后面的则带负电。根据这个特性，在材料制作工艺中，可选择两种不同材料与前者摩擦带正电，而与后者摩擦带负电，从而使在物料上形成的静电荷互相抵消，从而消除了静电。

③选用吸湿性材料。在生产工艺中要求必须选用绝缘材料时，可以选用吸湿性塑料，将塑料上的静电荷沿表面泄放掉。

（2）工艺的改进

改进工艺的操作方法和程序也可减少静电的产生。如在搅拌过程中适当地安排加料顺序，便可降低静电的危险性。

（3）降低摩擦速度和流速

①降低摩擦速度。增加物体之间的摩擦速度，使物体产生更多的静电量；反之，降低摩擦速度，使静电大大减小。

②降低流速。在油品运输过程中，包括装车、装罐和管道运输等。由于油品的静电起电与液体流速的 1.75~2 次幂成正比，故一旦增大流速就会形成静电火灾和爆炸事故，因此，必须限制燃油在管道内的流动速度。

（4）减少特殊操作中的静电

①控制注油和调油方式。在顶部注油时，由于油品在空气中喷射或飞溅，将在空气中形成电荷云。经过喷射后的液滴将带有大量气泡、杂质和水分注入油中，发生搅拌、沉浮和流动带电，这样在油品中会产生大量的静电并积累成引火源。例如在进行顶部装油时，如果有空气呈小泡混入油品，在开始流动的一瞬间，与油品在管道内流动相比，起电效应约增大 100 倍。所以，调和方式应以采用泵循环、机械搅拌和管道调和为好；进油方式以底部进油为宜。

②采用密封装车。一是顶部飞溅式装车，由于液滴分离，油滴中易含有大量气泡以及油流落差大，油面容易产生静电；二是大量的油气外溢，易于产生爆炸性混合物而不安全。密封装车是将金属鹤管（保持良好的导电性）伸到车底，选择较好的分装配头使油流平稳上升，从而减少摩擦和油流在管内的翻腾，并可避免油品的蒸发和损耗。

3. 减少静电积累

（1）静电接地

①接地类型。接地是消除静电灾害最简单、最常用的办法，其类型包括以下三种：

a. 直接接地。即将金属导体与大地进行导电性连接，从而使金属导体的电位接近于大地电位的一种接地类型。

b. 间接接地。即为了使金属导体外部的静电导体和静电压导体进行静电接地，将其表面的全部或局部与接地的金属导体紧密连接，将此金属作为接地电极的一种接地类型。

c. 跨接接地。即通过机械和化学方法把金属物体之间进行结构固定，从而使两个以上相互绝缘的金属导体进行导电性连接，以建立一个提供电流流动的低阻抗通路，然后再接地的一种接地类型。

②接地对象。通常的接地对象有如下几种：

凡用来加工、储存、运输各种易燃易爆液体、可燃气体和可燃粉尘的设备和管道，如油罐、储气罐、油品运输管道装置、过滤器、吸附器等均须接地。注油漏斗、浮顶油罐罐顶、工作站台、磅秤、金属检尺等辅助设备均应该接地。大于 $50m^3$、直径 2.5m 以上的立式罐，应在罐体对应两点处接地，接地点沿外层的距离不应大于 30m，接地点不要装在进液口附近。

工厂和车间的氧气、乙炔等管道必须连接成为一个整体并予以接地。其他的有产生静电可能的管道设备，如油料运输设备、空气压缩机、通风装置和空气管道，特别是局部排风的空气管道，都必须连成整体并予以接地。

移动设备，如汽车槽车、火车罐车、油轮、手推车以及移动式容器的停留、停泊处，要在安全场所装设专用的接地接头，如鳄式夹钳或螺栓紧固，使移动设备良好接地，防止在移动设备上积聚电荷。当槽车、油罐车到位后，停机刹车、关闭电路。在打开罐盖前先行接地，同时对鹤管等活动部件也应分别单独接地。注油完毕后先拆掉油管，经过一定的时间（一般为3min以上）的静置，才能把接地线拆除。汽车槽车上应装设专用的接地软铜线（或导电橡胶拖地带），牢固地连接在槽车上并垂挂于地面，以便导走汽车行驶中产生的静电。金属采样器、校验尺、测温器应经导电性绳索接地。为了避免快速放电，取样绳索两端之间的电阻应为107～109Ω。静电接地极电阻要求不大于100Ω，管线法兰连接的接触电阻不大于10Ω。

（2）增湿

随着湿度的增加，绝缘体表面上结成薄薄的水膜，使其表面电阻大为降低。该水膜的厚度只有 1×10^{-5} cm，其中含有杂质和溶解物质，有较好的导电性。因此，它使绝缘体的表面电阻大大降低，从而加速静电的泄漏。在产生静电的生产场所，可安装空调设备、喷雾器或挂湿布片，以提高空气的湿度，降低或消除静电的危险。允许增湿与否以及允许增加的湿度范围，须根据生产要求确定。从消除静电危害的角度考虑，在允许增湿的生产场所，保持相对湿度在70%以上较为适宜。当相对湿度低于30%时，产生静电是比较强烈的。此外，增湿还能提高爆炸性混合物的最小引燃能量，这将有利于安全。应当注意的是，空气的相对湿度在很大程度上受温度的影响。增湿的方法不宜用于消除高温环境下绝缘体上的静电。

（3）抗静电剂

抗静电添加剂是一种表面活性剂（化学药剂），具有良好的导电性或较强的吸湿性。因此，在容易产生静电的高绝缘材料中，加入抗静电添加剂之后，能降低材料的体积电阻率或表面电阻率，加速静电的泄漏，消除静电的危害。使用抗静电添加剂是从根本上消除静电危险的办法，但应注意防止某些抗静电添加剂的毒性和腐蚀性造成的危害。这应从工艺状况、生产成本和产品使用条件等方面考虑使用抗静电添加剂的合理性。在绝缘材料中掺杂少量的抗静电添加剂就会增大该种材料的导电性和亲水性，使导电性能增强，绝缘性能受到破坏，体表电阻率下降。促进绝缘材料上的静电荷被导走的具体方法有以下五种：

①在非导体材料和器具的表面通过喷、涂、镀、敷、印、贴等方式附加上一层物质以增加表面导电率，加速电荷的泄漏与释放。

②在塑料、橡胶、防腐涂料等非导电材料中掺加金属粉末、导电纤维、炭黑粉等物

质，以增加其带电性。

③在布匹、地毯等织物中混入导电性合成纤维或金属丝，以改善织物的抗静电性能。

④在易于产生静电的液体（如汽油、航空煤油等）中加入化学药品作为抗静电添加剂，以改善液体材料的导电率。

⑤在石油行业，可采用油酸盐、环烷酸盐、铬盐、合成脂肪酸盐等作为抗静电剂，以提高石油制品的导电性，消除静电危害。在有粉体作业的行业，也可以采用不同类型的抗静电剂。应当指出，对于悬浮粉体和蒸气静电，因其每一微小的颗粒（或小珠）都是互相绝缘的，所以任何抗静电剂都不起作用。

（4）静电中和器

静电中和器又叫静电消除器，能产生电子和离子。由于产生了电子和离子，物料上的静电电荷达到相反极性电荷的中和，从而消除了静电的危险。要把带电体上的静电中和掉，可以使用静电中和器，静电中和器主要用来中和非导体上的静电。尽管不一定能把带电体上的静电完全中和掉，但可中和至安全范围以内。与抗静电添加剂相比，静电中和器具有不影响产品质量，使用方便等优点。静电中和器应用很广，种类很多。按照工作原理和结构的不同，大体上可以分为感应式中和器、高压式中和器、发射式中和器和离子风式中和器。在消电要求较高的场所，还可以采用组合性静电中和器，如兼有感应作用和放射线作用的中和器，以及兼有高压作用和放射线作用的中和器等。

静电火灾和爆炸危害是由于静电放电造成的。因此，只有产生静电放电且放电能量等于可燃物的最小点火能量时，才能引发静电火灾。如果没有放电现象，即使环境中存在的静电电位再高、能量再大也不会形成静电危害。

而产生静电放电的条件是带电体与接地导体或其他接地体之间的电场强度，达到或超过空间的击穿场强时，就会发生放电。对空气而言其被击穿的均匀场强是 33kV/cm，非均匀场强可降至均匀电场的 1/3。于是可使用静电场强或静电电位计，监视周围空间静电电荷的积累情况，以预防静电事故的发生。

第五章　化工单元操作与安全技术

第一节　单元操作及其分类

一、单元操作简介

一种产品在生产过程中，从原料到成品往往需要几个或几十个加工过程，这些过程就是化学工业的生产过程，简称化工过程。

单元操作是指化学工业和其他过程工业中进行的物料粉碎、输送、加热、冷却、混合和分离等一系列使物料发生预期的物理变化基本操作的总称。

从工业原料经过化学反应获得有用产品的任一化工生产过程都可概括为原料预处理、化学反应和产物的分离三个步骤。第一步依据化学反应要求对原料进行处理，多为物理过程。如固体原料破碎、磨细和筛分、原料提纯、除去有害杂质。由于化学反应的不完全及某些反应物的过量，副反应的存在反应，产物实际为未反应物、副产品和产品的混合物，要得到符合规格的产品需要对产物进行分离和精制，如蒸馏、吸收、萃取、结晶等，主要也是物理过程。

化工生产可视为由物理过程和化学过程两类过程组成。考虑到被加工物料的不同相态、过程原理和采用方法的差异，可将物理过程进一步细分为一系列的遵循不同物理定律，具有某种功能的基本操作过程，称为单元操作。化工产品生产的基本过程，都是由若干物理加工过程（单元操作）和化学反应过程（反应过程）组合而成。

原料：天然资源，如煤、天然气、石油等。

产品：生产和生活用品，如化肥、汽油等燃料，塑料制品等生活用品。

化学反应：化工生产过程的核心称为化工单元过程。

生产过程的前、后处理：仅发生物理变化，称为化工单元操作。

从原料开始，物料流经一系列由管道连接的设备经过包括物质和能量转换的加工，最后得到预期的产品，将实施这些转换所需的一系列功能单元和设备有机组合的次序和方式，称为化工工艺流程，简称工艺流程。工艺流程反映了由若干个单元操作和反应过程按一定顺序组合起来完成从原料变为目的产品的全过程。

化工产品生产过程千差万别，化工产品千千万万，化工生产过程主要可归纳为两类：一类是以化学反应为核心的化学反应过程，通常这一过程是在各种不同化学反应器中进行的；另一类是不进行化学反应的过程，这一过程不改变物料的化学性质，只改变其物理性质，这类物理过程称为化工单元操作。化工单元操作具有如下特点：其一，它们都是物理过程，其操作过程只改变物料的状态和物理性质，不改变其化学性质；其二，它们是化工生产中共有的操作，化工过程虽然差别很大，但它们都是由若干单元操作有机组合而成的；其三，某一个单元操作用于不同的化工生产过程，其原理是相同的，进行单元操作的设备往往是可以通用的。

二、单元操作的分类

具体来讲，单元操作是化工生产过程中按工艺要求对物料进行输送、混合、加热、冷却、分离等加工过程基本操作的总称。

各种加工单元按其共同的原理，采用相应的加工设备进行操作，并实现各自的工艺目的。例如，精馏单元操作就是根据液体混合物中各组分挥发性的差异和气液平衡的原理，应用气液传质设备（精馏塔）达到溶液中各组分分离或者某一组分纯化的目的。

单元操作按其所遵循的基本原理和规律可分为四类。

（一）流体动力传递过程

也称动量传递过程，包括遵守流体流动规律的单元操作，如流式的输送、沉降、离心分离、液体的搅拌、固体流态化等。

（二）热量传递过程

也称传热过程，指符合物质之间热量交换基本规则的单元操作，如加热、冷却、蒸发、干燥等单元操作。

（三）质量传递过程

也称传质过程，指符合物质从一个相转移到另一相的传质原理的单元操作，如蒸馏、吸收、萃取、膜分离等单元操作。

（四）热力过程

指符合热力学原理的单元操作，如制冷。

化工单元操作的分类并不是绝对的，一些单元操作可能同时遵循多个不同的基本原理。例如，干燥、结晶单元就同时遵循传热过程和传质过程的基本规律。

化工单元操作既是质量、能量集聚传输的过程，也是多种危险物质互相影响的过程。不同的单元操作有不同的危险特性，处理不同的化工物料危险程度也有很大差别，因此，准确分析判断单元操作过程的危险有害因素，制定有效控制单元操作风险的对策是化工安全生产的重要措施。

第二节　各单元操作的特点及其安全技术

一、流体的输送

流体输送是符合流体动力学基本原理的单元操作，是应用最广泛并贯穿化工生产全过程的单元操作。在化工生产中，根据工艺要求，需要将流体物料从低处送往高处，由低压变成高压，在车间和装置设备之间连续输送。这些任务就由流体输送机械来完成。输送液体的机械通常称为泵，输送气体的机械称为压缩机、风机。泵、压缩机、风机都是通用机械，是有统一型号规格的定型设备。化工生产中需要输送的液体和气体物料种类很多，其腐蚀性大小、黏度高低、毒性和燃烧爆炸特性各不相同，输送时的温度、压力、流量等参数要求也不尽相同。在实际生产中就应根据以上不同的特性和参数，选择能满足工艺条件的流体输送设备。

（一）液体输送机械简介

液体输送机械就是将外加能量加给液体，使之达到流动输送目的的机械，通称为泵。依据泵的结构及运行方式的不同可分为四种类型：离心式、往复式、旋转式和流体作用式。本节以离心泵为主介绍几种液体输送泵。

1. 离心泵

离心泵在工业生产中的应用最为广泛，在化工用泵中约占80%。其结构简单、流量均匀且易于调节和控制，输出的压头不高但有较大的流量，维修方便且费用较低，根据需要可用耐腐蚀材料制造。

离心泵的工作原理是利用高速旋转的叶轮产生的离心力来实现输送液体的功能。离心泵的叶轮在高速旋转时产生的离心力将液体从泵的出口处排出，同时叶轮的进口处呈现负压状态，使液体吸入泵壳，这样连续不断地吸入和送出，完成液体的输送。

离心泵的结构主要有三部分：叶轮、泵壳、轴封装置。泵一般都由电动机带动，电动机是泵工作能量的来源。叶轮的作用在泵的工作原理中已有表述。泵壳是离心泵的外壳，大多制成蜗壳形，其主要作用是将叶轮密封在一定的空间内，汇集叶轮甩出的液体，并将其导向排出管路。轴封装置用来密封转轴和泵壳之间的间隙，防止泵的泄漏和空气吸入。常用的轴封装置有填料密封和机械密封两种。

离心泵的种类很多，也有各种分类方法，通常按输送液体的性质将离心泵分为清水泵、耐腐蚀泵、油泵。清水泵适用于输送清水及理化性质与清水相似的液体。耐腐蚀泵在结构上与清水泵相似，主要区别在于和液体接触的部件是用各种耐腐蚀材料制成的。油泵主要用于石油产品，由于石油及化学产品大多易燃易爆，因此，对油泵密封的可靠性要求很高。油泵与清水泵和耐腐泵的不同之处还在于，油泵的进出口方向都在壳体的上方。

离心泵的操作比较简便，在完成必要的准备工作后，开泵前先打开泵的入口阀门并检查泵体内是否充满液体；在确认泵体充满液体、密封正常后，通知投料岗位，并启动离心泵电动机，逐步打开泵的出口阀门，通过流量及压力指示，将出口阀门调节到需要的流量；停止运转时应慢慢关闭离心泵出口阀门，按动电机按钮使电机停止运转，然后关闭入口阀门。

2. 几种其他类型的泵简介

（1）往复泵

往复泵指依靠往复运动的活塞依次开启吸入阀和排出阀，从而吸入和排出液体的流体输送机械，主要由泵缸、活塞（或柱塞）、活塞杆、吸入阀和排出阀组成。往复泵通过活塞将外功以静压力的形式直接传给液体，每当活塞往复一次，只吸入和排出液体各一次，所以它的液体输送功能是不连续的，这与离心泵的工作原理完全不同。往复泵的流量等于单位时间里活塞在往复过程中扫过的体积。由于缸径和活塞往复的次数是固定的，因此，往复泵使用时若要调节流量，只能用安装回流支路的办法来解决。往复泵与离心泵另一个不同之处是：启动往复泵前必须将出口阀门打开，否则会因液体的不可压缩，缸体压力升高而损坏设备。

（2）计量泵

化工生产中往往需要按照工艺要求精确输送定量的液体，有时还要将两种液体按比例进行输送，计量泵就是为满足这些要求而设计制造的。计量泵有两种基本形式：柱塞式和隔膜式。其原理和往复泵相似，由转速稳定的电动机通过可变偏心轮带动活塞杆而运行，改变偏心轮的偏心程度就可以改变活塞的冲程，从而达到所需流量，其计量精确程度可达到±0.5%～1%。

（3）屏蔽泵

屏蔽泵又称无填料泵，是在离心泵的基础上发展起来的，具有结构简单紧凑、零件少、占地小、操作可靠的特点。其结构特点是泵与电机直联并置于同一密封壳体内，在电机转子线圈和定子线圈之间用薄壁圆筒屏蔽套加以隔离，使电机定子与被输送液隔离。因其具有不外泄的特征，适用于易燃、易爆、剧毒、具放射性物料的输送。屏蔽泵的缺点是效率较一般离心泵低 25%～50%。

（4）液下泵

液下泵是将泵体置于液体中的一种泵。由于泵体置于液体中，因此，轴封要求不高，特别适合输送各种腐蚀性液体。其结构简单，一般可利用现行的离心泵进行改装。

（5）旋涡泵

旋涡泵是一种特殊型式的离心泵，其工作原理与离心泵相似，但泵壳和叶轮的结构不同于离心泵。当叶片高速旋转时，液体在叶片间形成旋涡运动，并在惯性作用下沿着流道前进，液体从吸入口进入，每经过一个叶片进行一次旋涡运动，连续多次提高静压能，到达出口时就获得较高的压头。旋涡泵叶轮上的每一个叶片就相当于一个微型的离心泵，整个泵就像由许多叶轮组成的多级泵。旋涡泵是具有简单结构的高扬程泵，其扬泵一般比离心泵高 2～4 倍。其结构紧凑、体积小，大多数旋涡泵具有自吸能力，适合于输送流量小、扬程要求高的液体。旋涡泵启动前泵壳内应充满液体，开启时应先打开出口阀门；流量的调节不能像离心泵那样直接用出口阀来调节，必须在泵的出口管路上安装一个旁通回流线，利用旁路阀的开启度来调节流量。

（6）齿轮泵

齿轮泵是旋转泵的一种，泵的主要构件为泵体和一对互相啮合的齿轮，其中一个主动轮，一个从动轮，两齿轮将泵体分成吸入和排出空间。当齿轮旋转时，随着液体吸入空间两齿轮分开，形成的低压进入泵体，并在齿间沿泵体内壁进入排出空间，在排出空间两齿合拢，空间缩小，形成高压将液体输出。齿轮泵适合输送润滑油、黏稠液体以至膏状物，但不适合输送含有固体颗粒的液体。

（7）螺杆泵

螺杆泵也是旋转泵的一种。螺杆泵主要由泵壳和一根或多根螺杆组成，根据螺杆的数量可分为单螺杆泵、双螺杆泵等。螺杆泵的工作原理与齿轮泵一致。螺杆泵具有扬程高、无噪声、流量均匀的特点，适合于高压下输送高黏度液体，在合成橡胶、合成纤维上使用较多。

（二）流体输送的危险性和安全技术

流体物料输送过程中涉及很多易燃、易爆、有毒、腐蚀性的气体和液体，它们在加压条件下进行输送，极易在阀门管道连接法兰焊接点、泵机的轴封等密封点泄漏，轻则造成物料损失、污染环境，重则引起火灾爆炸、中毒、灼伤等各类事故。为防止损失和伤害，应在以下几个方面加强安全措施：

一是在选用流体输送机械时，应了解输送介质的物理化学特性，选择合适的泵和压缩机。例如，输送易燃液体，选择离心泵时，应尽可能选用离心式 Y 型油泵，输送腐蚀性液体时应选用耐腐蚀材料的泵机，输送不同压力等级的气体时应选择符合压强参数要求的鼓风机或压缩机。

二是操作各种泵机一定要掌握各种泵机的基本原理和操作程序，防止误操作引起设备事故。例如：启动离心泵时可先打开泵的进口阀，待泵转动后逐步开启出口阀；但操作齿轮泵和旋涡泵时，则必须先打开泵的出口阀，否则会造成憋压致泵机损坏。

三是泵或压缩机运行过程中应加强巡回检查，防止冷却水、润滑油出现断水、断油引起机械故障，对轴承箱、填料箱、密封卷也应定时巡检，防止泄漏，按规定按时记录泵机的压力、温度及电动机的运行参数。

四是对重要的泵机，如用于生产装置核心反应器的泵、压缩机、风机、石油气压缩机等，其压力、流量等重要参数应当与反应系统的各项工艺控制指标一起实行自动调节控制。

五是防止压缩机、储气罐及输送管路因超压引发事故。要安装与操作参数相适应的压力表、安全阀，必要时安装压力超限报警器及自动调节或联锁切断装置。

六是输送易燃、易爆介质的泵及压缩机，其电器均应选用防爆型，防止电火花引起火灾、爆炸事故，并按规定在作业场所设置可燃气体报警仪。

七是输送易燃流体的泵机及管道都会因高速流动与管壁之间的摩擦而产生静电，如不及时导出静电荷，将会引起静电的积累，成为易燃的点火源。因此，泵机、输送管道都应有良好的静电接地措施，法兰、阀门连接点之间应有静电跨接，管内介质流速应控制在安全流速之下。

八是输送易燃气体的压缩机进口一定要严格密封，并保持一定的正压，防止负压产生吸入空气，形成爆炸性混合气体。

九是输送易燃介质不得使用压缩空气进行压送，不宜使用真空抽料的方式输送易燃液体物料，不宜选用塑料管道输送易燃液体。必须使用非金属管道时，应采取可靠的防静电积累措施。

十是泵机遇到下列情况应紧急停车：断电、断水、断润滑油时应紧急停车；填料箱和轴承温度出现超温应立即检查原因，发现异常应紧急停车；泵机或电动机械出现异常或机身震动，减震措施无效时应紧急停车；发现缸体、阀门、轴封严重漏气、漏液时应紧急停车。

二、液体的搅拌操作

化工生产中，除了需要输送液体的机械外，还需要迫使液体在容器内流动，以促使液体中的各组分互相分散、均匀混合的器械，这种器械称为搅拌器。用搅拌器把能量加给液体迫使其流动的操作称为液体的搅拌。

(一) 液体搅拌的作用

搅拌器的作用大致可分为三个方面。

一是强化物质的传递，提高化学反应的速率。搅拌可以使液体物料相互掺和、充分接触，从而提高传质速率和化学反应速率。

二是强化传热过程，防止局部过热或过冷现象发生。

三是有效制备混合物。搅拌能使两种以上互溶液体更好地互溶，组成混合溶液；也可使互相不溶的液体通过搅拌达到并形成均匀混合的乳液，增加相互之间的接触面积，并防止不溶液体的分层；还可以使液体和固体颗粒通过不断搅拌形成悬浮液，而不使固体颗粒沉淀。

(二) 搅拌器的类型

搅拌器的种类很多，这里只介绍使用最普遍的机械搅拌器。机械搅拌器一般由一根在电动机带动下的中心轴（搅拌轴）和安装在轴上的推进器（叶轮）组成。由于推进器的型式很多，搅拌器的类型也很多，一般以推进器的型式来命名相应的搅拌器。选用搅拌器时应根据反应器形状、容积、径高比的不同，以及液体物料的黏度等物理状况、化学反应的条件进行综合分析后确定。

1. 旋桨式搅拌器

其结构类似于飞机的螺旋桨，由 $2\sim3$ 片推进式螺旋桨叶固定在搅拌轴上而制成。桨叶的直径一般取反应器直径的 $1/25\sim1/4$，转速一般为每分钟数百到上千转之间。叶片顶端的速度可达 $5\sim15m/s$，适用于低黏度液体。

旋桨式搅拌器使得液体流动时的湍动程度不高，但循环量大，特别适用于要求容器内的液体上下均匀的场合。其缺点是由于搅拌时切向分速度的影响，液体在筒体内做圆周运动，液体层间无相对运动，影响了有效分散，而当液体中有固体颗粒时，将被抛向器壁并沉入釜底，影响效率。

2. 涡轮式搅拌器

是由若干个轮片构成的涡轮安装在搅拌轴上而组成的搅拌器。涡轮式搅拌器通常由六片桨叶组成，叶轮的直径一般为容器的 1/3～1/2，转速较高，端部的圆周速度可达 3～8m/s。

涡轮式搅拌器的分散效果比旋桨式搅拌器好，适用于低黏度和中黏度液体，且要求比较均匀的搅拌过程，但由于搅拌过程釜内会形成两个回路，对易上下分层的物料不大适用。

3. 桨式搅拌器

由 2～4 片板状桨叶用螺栓固定在搅拌轴上组成。桨式搅拌器的尺寸较大，一般为容器直径的 1/2～4/5，但转速低，叶片端部线速度为 1.5～3m/s。当釜内液面较高时，可安装数排桨叶来增强效果。

4. 锚式和框式搅拌器

与上述三种搅拌器的型式相比，锚式和框式搅拌器最大的特点是搅拌器的直径比较大，一般都非常接近釜的内径，其间距只有 25～50mm。其转速一般较低，为 15～80rap/s。搅拌时基本上不产生轴向流，搅拌的范围很大，不会产生死角，主要应用于液体黏度较大或者有沉淀物的物料。

为了提高各种搅拌器的效果，还可以在容器壁上垂直安装条形挡板或者设置导流筒，提高分散混合的效果。除了机械搅拌器外，气流搅拌也是一种设备简单、使用方便的搅拌方法，即使气体在一定的压力条件下，通过管道及设置在容器内的分布器（有环形、星形等）上密布的小孔来达到分散和混合液体的效果。

（三）液体搅拌的危险因素及安全措施

1. 需要搅拌的物料状况非常复杂，有的反应原料需要搅拌混合，有的反应过程必须保持物料的充分均匀混合，有的液体物料是互溶的，有的则不相溶，有的黏度很高，有的黏度较低，因此，在选择搅拌器时，搅拌器的类型、转速的快慢，都会对化学反应产生影响。选择合适型号的搅拌器才能保证物料分散、混合均匀，不产生死角和固体物料沉淀，提高化学反应的效率，防止局部物料积聚发生剧烈反应而引起事故。

2. 搅拌器在运转中出现故障，如堵转、电机缺相，甚至出现桨叶脱落（此时搅拌器电机电流大幅下降），如果继续投料，会造成物料的局部积聚，釜内局部位置剧烈反应且热量难以转移，造成超温、超压、冲料，如果冲料造成泄漏，可能引发事故。因此，一旦出现搅拌故障，必须立即停止进料，加大冷却水流量。

3. 对于聚合釜上的搅拌器，如出现故障，由于物料不能均匀流动和扩散，热量不能及时转移，将可能引起暴聚。因此，聚合釜的搅拌出现故障应启动紧急预案，立即向釜内加终止剂，必要时采取紧急泄料措施。

4. 对列入危险工艺的化学反应，搅拌器电机供电应配备应急电源，并对搅拌、投料、反应温度、压力实行自动联锁。

5. 在易燃物料的搅拌过程中，易燃液体在反应温度条件下挥发出来的蒸气浓度比较高，遇到空气很可能形成爆炸性混合气体，遇到火花等点火源就有发生爆炸燃烧的危险。因此，搅拌电机一定要选用防爆型电机，电气开关也须达到防爆要求。

6. 各类化学反应，不论是批量加料还是缓慢滴加，在向反应釜内投第二种化学原料之前，必须先开启搅拌器，否则就会造成物料分层，积聚沉淀，当再开启搅拌器时就会发生剧烈的化学反应而引发事故。因此，必须严格遵守岗位操作法的要求启动搅拌电动机，防止误操作。

三、流体与固体粒子间的相对运动和分离（非均相的分离单元操作）

化工生产过程中经常遇到非均相混合物的分离和流动问题，常见的有以下几种：一是从含有粉尘或液滴的气体中分离出粉尘或液滴；二是从含有固体颗粒的悬浮液中分离出固体颗粒；三是固体颗粒的流态化和气力输送等。

非均相物系中处于分散状态的物质，如气体中的尘粒、悬浮液中的颗粒、乳浊液中的液滴，统称为分散物质或分散相。非均相物系中处于连续状态的物质，如非均相物系中的气体或液体，则统称为分散介质或连续相。

对非均相混合物进行分离操作，称为非均相分离操作，其主要目的是将原料或者产品进行分离或提纯，回收混合物中的有用物质，实施劳动保护和环境保护。

非均相系中各相的性质有显著差异，可以用机械方法（如沉降、过滤和离心分离等）把各相分开。

（一）沉降分离

沉降分离的基本原理是利用流体和固体颗粒之间的密度差，在力的作用下使颗粒和流体产生相对运动，从而实现两者之间的分离。由于沉降操作所利用的力可以是物质本身的重力，也可以是外来作用的离心力，故沉降又可分为重力沉降和离心沉降。

1. 重力沉降

重力沉降是最简单的沉降分离技术。例如，利用重力沉降分离气体中的粉尘颗粒，一般是使含尘气体经由气体通道进入降尘室，由气体通道进入降尘室流道时，截面积扩大而使气体流速降低。此时，只要气体从降尘室进口到出口所需要的时间大于粉尘颗粒从降尘室顶部降到底部需要的时间，固体颗粒就能在到达降尘室出口前下沉到室底，落入集尘斗，从气体中分离出来。利用重力沉降从气流中分离出固体尘粒的设备称为降尘室，它的结构简单，流体阻力小，但设备庞大，分离效率低，除尘效率一般只有 40%～70%，适用于颗粒含尘气体的初步净制。

利用重力沉降分离悬浮液或者乳浊液的设备称为沉降槽，也称增稠器或澄清器，可间歇或者连续操作，其工作原理与含尘气体分离相同。间歇沉降槽通常为带有锥底的圆柱体容器，需要处理的悬浮浆料或乳浊液在槽内静止足够长的时间后，悬浮液增稠的沉渣由锥底排出，清液由上部溶液排出。沉降槽具有构造简单、操作方便、处理量大的优点，其缺点是设备大，占地面积大，分离效果低，一般只能作为悬浮液分离的初步处理，然后再将沉淀物送到过滤器或离心机进行处理。

2. 离心沉降

由于微粒单靠重力的作用，沉降速度较慢，使用重力沉降分离效率不高。如果利用惯性离心力代替重力，就可提高颗粒的沉降速度和分离效率，提高生产能力，并缩小了设备尺寸。典型的离心沉降设备有旋风分离器和旋液分离器。离心沉降的工作原理是含有固体颗粒的气体（或液体），经由风机（泵），输入分离四周筒体一侧的进料管，并以很大的流速沿筒体的切线方向进入分离器，颗粒受惯性作用力的影响被抛向筒体壁，撞击后沉降到底部，气体（或液体）则从上方排出（或溢出）。

旋风分离器是化工生产中使用很广的设备，并且常用于厂房的通风除尘系统、工业窑炉的除尘以及固体物料气流传输的捕集。分离器物料进口速度一般控制在 15～20m/s，所产生的离心力可分离出 5pm 的颗粒或雾沫。旋风分离器的尺寸有一定的比例，只要规定好其中一个主要尺寸（直径或者进口宽度），其他尺寸就可确定。

旋液分离器的直径比较小，这是因为固液密度差比固气密度差小，在一定的进口切线速度下，要维持必要的分离作用力，必须缩小旋转半径，从而提高沉降速度。旋液分离器往往由多个组成一组来使用，它可以从液流中分离出几微米的小颗粒。为了达到分离效果，进口速度比较大，一般达到 10m/s。

（二）过滤分离

过滤是用多孔物质作为介质从悬浮液中分离固体颗粒的操作。过滤时，在外力作用下，悬浮液中的液体通过多孔介质的孔道，而固体颗粒被截留下来，实现液固分离。虽然还有含尘气体的过滤，但通常说的过滤是指悬浮液的过滤操作。在过滤操作中，被过滤的悬浮液体称为滤浆，多孔介质称过滤介质，被截留的固体颗粒称为滤饼或滤渣（绝大多数是目的产物），通过介质的澄清液称为滤液。

按照过滤液的压力、推动力不同，过滤方式有以下四种：

1. 重力过滤：依靠悬浮液自身液柱的重力压力推动。

2. 加压过滤：在悬浮液的表面增加外来压力。

3. 其他过滤：在悬浮液过滤介质后面抽真空形成负压。

4. 离心过滤：利用惯性离心力作为推动力。

（三）非均相分离的危险因素及安全措施

1. 采用旋风分离器分离气体中的固体颗粒或采用旋液分离器分离悬浮液时，为了保证分离的效果，固体颗粒和悬浮液的输送都需要一定的流速来保证分离效果。高速流体与金属管壁的摩擦将产生静电。物料中如果有爆炸性粉尘，易燃液体积累的静电很可能成为点火源，操作时要控制好流速，以降低静电积累，设备和管道要有良好的静电接地措施，及时从系统中导出产生的静电。

2. 悬浮液分离操作的主要危险源来自处理的物料，尤其是滤液，应根据物料的特性来选用合适型号的分离设备。对分离过程中能散发有毒易燃易爆蒸气的物料，不应选用敞开式的压滤机或离心机，防止人员的急慢性中毒，降低火灾、爆炸的危险程度。

3. 离心机转鼓甩滤过程处在高速旋转状态，滤浆进料是否均衡对转鼓的动平衡非常重要。一旦出现转鼓偏心，运动时就会发生剧烈震动，甚至会造成设备崩解，操作人员必须按规程缓慢进料使滤浆分布均衡，一旦发现异常震动，应停机检查。

4. 离心机特别是敞口离心机，运转过程中要防止工具、杂物掉入转鼓，也不应借用尚未停稳的转鼓动力对离心机内的物料进行清理。

5. 滤浆中的液体为甲、乙类危险化学品时，厂房应符合防爆、泄压要求，电器应选用防爆型，现场应安装可燃气体报警仪探头。此类物质的离心过滤应选择密封型的过滤设备，操作过程中应充惰性气体保护。

6. 过滤设备的厂房应保持良好的通风，配置通风装置，保证作业人员在符合职业卫生标准的环境中工作。

7. 离心机开车时，一定要先检查机内外有无杂物，主轴螺母有无松动，制动是否可靠，并试空车3～5分钟，无异常情况，方能启动投料运作，防止设备细小故障引起设备事故。

8. 离心机停车时，应先切断电源，待转鼓减速后再启用制动装置，经多次制动至转鼓转动缓慢时，再拉紧制动装置停车，切忌对高速转动的转鼓拉紧制动。

四、传热和传热操作

传热过程即热量传递的过程，在化工生产过程中，几乎所有的化学反应过程都需要控制在一定的温度条件下进行。为了达到和保持所要求的温度，反应物在进入反应器之前常需要加热或者冷却到一定的温度。在反应过程中，由于反应物料吸收或者放出一定的热量，故又要不断地向反应系统导入或移出热量。有些化工单元操作，如蒸馏、蒸发、干燥、结晶等，都有一定程度的温度条件，也需要有热能的输入和输出过程才能得以完成。此外，一些化工设备以及管道常年在高温或者低温的条件下运行，热能的损失很大，需要采取一定的措施降低损耗，实现节能降耗。

归纳起来，化工生产中常遇到的传热问题主要可分为两类：一类是要求热量传递效果好，体现在要求传热速率高，这样就可以使完成某一换热任务时所需的设备更紧凑，降低设备成本；另一类则是像一些在高温（或低温）条件下运行的设备和管道，要努力降低它的热（冷）损失，这就需要对设备和管道进行保温和隔热，这时要求传热的速率越低越好。

（一）传热的基本方式

热传递是由系统内或物体内温度不同而引起的。当无外功输入时，根据热力学第二定律，热总是自动地从温度较高的部分传给温度较低的部分，或由温度较高的物体传给温度较低的物体。根据传热的不同机制，传热的基本方式有三种——热传导、热对流和热辐射。

1. 热传导

又称导热。当物体内部或两个物体之间存在温度差异时，物体中温度较高部分的分子振动而与相邻的分子碰撞，并将能量的一部分传给后者。借此，热量就能从温度较高的部分传到温度较低的部分。这种传递热量的方式称为热传导。在热传导过程中没有物质的宏观位移。

2. 热对流

又称对流传热。在流体中，主要由于流体质点的位移和混合，将热能由一处传至另一处的传递热量的方式称为对流传热。对流传热过程往往伴有热传导。若流体的运动是由受外力的作用（如风机、水泵、搅拌器）引起的，则称为强制对流。若流体运动是由流体内部冷、热部分的密度不同而引起的，则称为自然对流。

3. 热辐射

辐射是一种通过电磁波传递能量的过程。任何物体，只要绝对温度不为零度（-

273℃），都会以电磁波的形式向外辐射能量。其热能不依靠任何介质而以电磁波的形式在空间传播，当被另外一个物体部分或全部接受后，又重新转变为热能，这种传递热能的方式称为辐射或者热辐射。

在化学工程中，上述三种传热方式很少单独存在，往往是同时出现在系统中。例如，化工生产中最广泛使用的间壁式换热器，在热量从热流体经间壁（如管壁）传向冷流体的过程中，就是以热传导和热对流两种方式进行热量传递的。

（二）换热设备简介

在工业生产中，实现物流之间热量交换的设备统称为换热器。工程上总是希望换热设备有较高的传热速率，以减少换热器的几何尺寸，从而降低设备费用。换热器的使用几乎遍布化工生产的全过程，换热设备约占石油化工设备总数的40%。换热器的型号、规格、品种也很复杂，常见的换热器的分类方法有三种。

1. 按工业生产上的换热方式可分成间壁式换热器、混合式换热器和蓄热式换热器三种。

2. 按换热器的用途和目的分类：

①冷却器：冷却工艺物流的设备，一般用水做冷却剂。

②加热器：加热工艺物流的设备，一般用饱和水蒸气做加热剂。

③冷凝器：将蒸汽冷凝为液相的设备。只冷凝部分蒸汽的设备称为分凝器，将蒸汽全部冷凝为液体的设备称为全凝器。

④再沸器：专用于精馏塔底部汽化液体的设备，也称加热釜。

⑤蒸发器：专门蒸发溶液中的水分或者溶剂的设备。

⑥换热器：两种不同温度的工艺物料互相进行显热交换的设备。

⑦废热钻炉：从高温物流中或者废气中回收热量而产生蒸汽的设备。

3. 按传热面的形状和结构分类：

①管式换热器：由管子组成传热面的换热器，包括列管式、套管式、蛇管式、翅片管式和螺纹管式换热器。

②板式换热器：由板组成传热面的换热器，包括夹套式、平板（波纹板）式、螺旋板式、板翅式等。

③其他型式，如液膜式、板壳式、热管式换热器等。

（三） 传热方法和载热体

1. 加热方法和加热剂

（1）饱和水蒸气和热水加热

用饱和水蒸气加热的优点是温度和压力间有一个对应的关系，通过对蒸汽压力的调节就能很方便地控制加热温度。此外，饱和水蒸气的传热速率也比较高，有利于减小设备的尺寸。但用饱和水蒸气加热时温度不宜太高，通常不超过180℃（此时的蒸汽压力为1MPa）。因为温度高，水蒸气压力就高，对设备的耐压标准就要提高，就会增加设备的加工成本。一般加热要求超过180℃时宜考虑其他载热体。

在加热温度要求较低且要求加热速度缓慢的条件下，热水也可以作为加热载体。热水的来源可以是饱和水蒸气的冷凝水或其他导热水。

（2）导热油热载体

由于水蒸气的加热温度受到一定的限制，当物料加热要求超过180℃时，一般采用导热油加热。其特点是温度高，可达到400℃。高温导热油可由导热油炉或电加热导热油通过导热油泵实现与换热设备的闭路缩环。导热油加热能满足较高温度要求，缺点是温度的控制调节没有饱和水蒸气方便。

（3）熔盐热载体

如果加热温度超过380℃，导热油也不能完成加热操作要求，这时可采用熔盐法加热。常用的熔盐有7%硝酸钠、40%亚硝酸钠和53%硝酸钾组成的低熔混合物，其熔点为142℃，最高加热温度可以达到530℃。

（4）电加热

电加热的特点是温度比较高且清洁，使用起来比较方便，易于控制和调节。化学工程中常用的电加热方法有电阻加热和电感应加热。电阻加热是将电流通过电阻较大的导线，即电阻丝，使电能转化为热能，将电阻丝盘绕在被加热的设备上达到加热的目的。电感应加热装置是将电阻较小的导线盘绕在金属容器外壳，组成螺旋形线圈（线圈与容器表面不接触）。当金属导线接通分流电时，由于电磁感应的作用使容器壁面升温，于是容器内的物料达到加热的目的。电加热适用于180~530℃的加热条件。

（5）烟道气和炉灶加热

对于需要在特别高的温度条件进行的操作，可以用工业窑炉明火和烟气加热的方法来达到，这种加热可达1000℃，甚至更高温度要求。

2. 常用的冷却剂

生产上常用的冷却方法有水冷却、冷盐水冷却、空气冷却，尤其以水冷却最为广泛。

为了降低水的消耗量，无论是井水还是江河水，使用的冷却水都要通过凉水塔循环使用，只需要补充 5%～10% 的水损失，可以大量降低水资源的消耗。当普通工业用水不能满足冷却降温要求时，可使用低温盐水使冷却剂温度降到 0℃ 以下。对于一些特殊低温反应甚至超低温操作条件，可以根据低温的程度用液氨、液态烯烃、液态二氧化碳或者液氮作为冷载体，在汽化过程吸收反应系统产生的热量，达到降低物料温度的目的。

（四）传热操作的危险性及安全技术

1. 列管式换热器是化工生产中使用最多的设备之一，正确地选择和使用列管式换热器，才能发挥最大的效能并使之安全运行。对换热器内两种物流的流通路线，要根据冷、热物料的性质状况进行布局。

①高压流体宜走管程，以免壳体受压破损引发事故。

②腐蚀性物料宜走管程，以免管束和管壳同时受到腐蚀造成泄漏。

③有毒流体宜走管程，可减少流体泄漏。

④不洁净、易结垢的流体宜走管程，便于及时清洗和除垢。

2. 换热器进料前应认真检查压力表、温度计、液位计及有关阀门是否完好。使用水蒸气加热的要排除积水，检查疏水阀是否完好。使用其他冷热载体应检查进出口阀门是否处于正确的开启、关闭状态，保证冷、热载体流向通畅。

3. 水蒸气、导热油、熔盐作为热载体时，设备和管道的保温要保持完好，防止裸管或设备裸露烫伤操作人员。

4. 导热油为热载体时，管道的连接应尽可能采用焊接或金属垫片的法兰连接，保温材料要选用阻燃型，防止高渗透性的导热油高温状况下渗（泄）漏而引燃可燃物造成火灾。

5. 采用电热设备加热，特别是受热物料为易燃物料时，应采取相应的防爆措施，防止电火花引爆易燃易爆化学品。

6. 低温冷载体的管道和设备应有完好的保冷措施，防止低温灼伤，特别是使用液氮、液体二氧化碳的换热设备，要防止泄漏而造成人体冻伤。

7. 利用烟道气或者工业炉明火加热换热时，应重视换热设备有无渗漏，防止化工物料流入炉膛，在加热室形成爆炸性混合气体，点火时引发火灾爆炸。

8. 某些用于化学反应过程的换热器，反应过程中往往需要经历加热和冷却反复进行的过程，切换不及时或阀门内漏，轻者影响化学反应的顺利完成，严重时会引发事故。这类操作应严格执行操作规程，冷热载体应双阀控制，必要时加装自动控制系统，防止人为失误。

9. 以有机热载体或熔盐作为加热载体时，要防止热载体内混入水或其他杂质。有机热载体应按规定升温，排尽系统内的水分，新换或添加热载体时必须预热脱水后方可加入。熔盐加热操作或者扑救火灾时，应注意不使水或其他液体进入熔盐。

10. 应定期分析、测定有机热载体中的残炭、酸值、黏度，掌握其品质变化情况，必要时补充、更换导热油，保持残炭量的基本稳定，防止结焦、堵塞而引发事故。

五、蒸发单元操作

蒸发是将溶液加热至沸腾，使其中部分溶剂汽化并被移除，以提高溶液中不挥发性溶质浓度的单元操作。它是利用加热的方法使溶液中的挥发性溶剂与不挥发性溶质得到分离的一种操作。

蒸发操作的目的：一是获得高浓度的溶液作为成品或者半成品；二是将溶液浓缩到饱和状态，与结晶单元联合操作得到固体产品；三是脱除杂质，制取纯净的溶剂。蒸发单元操作是化工、轻工、医药、食品等行业常用的单元操作。

（一）蒸发的特点

1. 蒸发操作所处理的溶液中的溶剂具有挥发性，而溶质不具备挥发性。

2. 蒸发过程要不断地供给热能使溶液沸腾汽化。由于溶质的存在，蒸发过程中溶液的沸点温度升高，同时，溶剂汽化需要大量的热量来实现。

3. 溶剂汽化后要及时地排除，否则溶液上方的蒸气压力会增大而影响溶剂的汽化，当蒸发出来的蒸气与溶液达到平衡状态时，蒸发操作就无法进行下去了。

4. 蒸发过程由于溶质是不挥发的，浓缩时容易在加热表面析出而形成结垢，降低传热速率。因此，蒸发设备在结构上要考虑防止结垢，并应考虑一旦产生结垢，如何便于清洗除垢。

5. 溶液的特殊性质对设备会有较高的要求。例如，溶质是热敏性物质，在高温下停留时间过长，可能会使物料分解或变质，这就要求缩短物料的停留时间和降低蒸气温度。

6. 溶剂汽化后体积膨胀很大，上升时会夹带液滴，造成物料的损失。因此，在设备结构上，就应保证有较大的气液分离空间和除沫装置，减少物料的流失。

7. 蒸发单元最大的物质消耗是能源，节约能源、降低能耗是本单元操作十分重要的课题。为达到节能降耗，降低生产成本，蒸发设备不断在结构上创新、工艺上优化，出现了各种形式的蒸发器和蒸发工艺流程。

（二）蒸发操作的分类

1. 按操作方式分类

按操作方式，蒸发可分为连续蒸发操作和间歇蒸发操作。批量规模较大的产品大多采用连续操作；小产品特别是精细化工产品，单批次物料较少，一般都用间歇蒸发操作。

2. 按操作压力分类

（1）常压蒸发

常压操作时设备与大气相通，或采用敞口设备，二次蒸气直接排入大气。常压蒸发的设备简单，但热能利用率低。

（2）加压蒸发

采用密闭设备，使操作压力大于大气压。加压下产生的二次蒸气压力和温度较高，便于利用二次蒸气的热量。压力提高后，溶液的沸点升高，流动性好，有利于提高传热效果。

（3）真空蒸发

密闭设备内的压强低于大气压，又称减压蒸发。真空能降低溶液的沸点，能满足热敏性物料蒸发的要求，同时也有利于低压蒸气或余热气的利用；缺点是形成真空要增加设备，消耗动力。

3. 按二次蒸气是否利用分类

（1）单效蒸发

溶剂汽化产生的二次蒸气不利用，冷凝后直接排放，适合于小批量常压下的间歇操作。

（2）多效蒸发

将多个蒸发设备按一定的方法组合起来，每一个蒸发设备为一效，两个蒸发设备的组合称为双效，以此类推。

多效蒸发的目的是利用蒸发过程的二次蒸气提高操作的经济效益，降低能耗。一般第一效使用加热蒸气（称为生蒸气），第二效利用第一效溶剂汽化产生的二次蒸气作为热源，二次蒸气利用使生蒸气的经济性大为提高。多效蒸发宜用于大批量生产的场合，采用加压或真空下的连续操作。

（三）单效蒸发和多效蒸发流程简介

1. 单效蒸发流程简介

蒸发器由加热室和蒸发室组成。加热蒸气在加热室的管间流动，冷凝时放出的潜热，通过管壁传给管中的溶液，加热蒸气的冷凝水经疏水器排出。原料液由蒸发室下部加入，经蒸发浓缩后的浓缩液，从蒸发器的底部排出。溶剂产生的二次蒸气经过蒸发器顶部的除沫器分离出夹带的液膜后进入冷凝器内与冷却水混合物排出，不凝性气体经汽水分离器和缓冲器后由真空泵抽入大气。

某些精细化工产品由于批量很小，往往利用釜式容器作为蒸发器，将釜外壁夹套或设内盘管来满足传热面积的要求，釜内加入原料液，利用夹套和盘管内蒸气加热完成简单蒸发操作。

2. 多效蒸发流程简介

如前所述，若将加热蒸气通入蒸发器，则液体受热而沸腾所产生的蒸气称为二次蒸气，其压强和温度都比原加热蒸气低。再将蒸发出的二次蒸气引入另一蒸发器，只要第二个蒸发器内液体的压强和沸点均较原来蒸发器中的低，则引入二次蒸气就能作为第二效的加热蒸气，从而减少加热蒸气的消耗量，同时第二效蒸发器的加热室也就成为第一效二次蒸气的冷凝器。将几个蒸发器这样连接起来一起操作即组成一个多效蒸发器。

多效蒸发时，根据溶液加料方法的不同，可将多效蒸发分为并流法、逆流法、错流法和平流法四种流程，工业上常用的为并流法。

所谓并流法，是指液体的流向和蒸气的流向相同，即由第一效的顺序至最后一效。在这种流程中，后一效蒸发室的压力较前一效低，因而溶液可以靠压差从前一效流到后一效，而无须用泵输送；且前一效的溶液沸点较后一效高，因此，当溶液进入后一效后，呈过热状态，可自行蒸发，产生更多的二次蒸气，有利于二次蒸气的利用。其缺点是由于后效的温度降低，溶液浓度升高，因此越往后，效中的物料黏度就越大，使传热系数降低。

与并流法相对应的有逆流法，其特点是料液的流向与蒸气的流向相反。逆流法克服了并流法黏度高的缺点，但由于后一效的压力高于前一效，物料的流动要靠泵输送，能量消耗增加。

（四）蒸发操作及其安全

1. 合理选择蒸发器及操作工艺对蒸发单元经济、技术、安全是否先进合理非常重要。首先应考虑溶剂和溶质的物理化学性能，充分考虑物料的黏度、挥发性、腐蚀性、燃爆性、热敏性以及结垢、炭化、结晶等特性，选择合适的蒸发设备及操作工艺。

2. 蒸发操作是在高温和加压条件下进行的，所以，要求设备和管路具有良好的外部保温和隔热措施。要加强设备日常维护，防止跑冒滴漏现象，防止高温蒸气和物料触及人身造成灼伤。开车前应严格进行设备试压试漏，并定期进行设备维护保养。

3. 对易产生结晶体的溶液，浓缩过程会因结晶而堵塞阀门、管路和加热管，使物料不能畅通，影响蒸发操作的正常进行。因此，要经常分离结晶体并定期清洗，一旦出现堵塞应用高压水冲洗清堵。

4. 对含有有机溶剂的溶液的蒸发操作，应根据溶剂的火灾爆炸危险等级，在厂房、电器、防雷防静电等安全设施上严格按规范标准进行建设和设置，在操作中防止溶剂蒸气的泄漏。

5. 控制好蒸发装置的液位是装置运行平稳的关键，并能使流量更合理、恒定。为了降低人为因素造成的液位失控而引起的操作紊乱，在多效蒸发时，宜采用液位和流量的自动控制。

六、结晶单元操作

结晶是使固体物质以结晶状态从蒸气、溶液或者熔融物中析出，以达到溶质和溶剂分离的单元操作。在工业生产中，绝大多数结晶是在溶液中产生的。结晶是一个重要的单元操作过程，主要用于混合物的分离。很多化工产品及中间体的生产都可以采用溶液结晶的方法，如氮肥、纯碱、无机盐以及染料、农药、医药等的生产。

与蒸发单元操作相比，结晶过程有以下特点：

一是结晶操作可以从含杂质量较多的溶液中分离出高纯度的结晶体。

二是因沸点相近组分其熔点可能有显著差别，高熔点混合物、相对挥发度较小的物系及共沸物、热敏性物质等难分离的物质，可采用结晶方法来进行分离。

三是结晶操作能耗低，对设备的要求不高，一般"三废"较少。

加上结晶产品外观优美，生产操作弹性大，无论是大型装置或者精细化工产品，用比较简单的设备能制取高纯度的固体产品，是一种经济、节能、实用的单元操作技术。

（一）结晶操作的基本原理

在一定的条件下，一种结晶体作为溶质可以溶解于某种溶剂中形成溶液。在固体溶质溶解的同时，溶液中同时进行着相反的过程，即已经溶解的溶质粒子撞击到固体溶质表面时，又重新变成固体从溶剂中析出，这一过程称为结晶。溶解和结晶是一个可逆的过程，当固体物质与其溶液接触时，如溶液尚未饱和，则固体溶解；当溶液正好达到饱和时，固体和溶液达到相平衡状态，此时溶解度与结晶速度相等，且溶质在溶剂中的溶解量达到最大限度；如果溶质的量超过此极限，则有晶体析出。因此，形成过饱和溶液是产生结晶体的基本条件。

一种物质在一定溶剂中的溶解度主要随温度的变化而变化。温度升高，固体物质的溶解度就升高；温度降低，溶解度就降低。降低溶液的温度就能使饱和溶液达到过饱和状态，从而形成结晶需要的条件，另外也可将部分溶剂汽化从而使溶液达到过饱和状态。

（二）工业上常用的几种结晶方法

1. 冷却结晶

通过降低溶液的温度使溶液达到过饱和。这种方法适用于溶解度随温度降低而显著减小的物质的结晶操作。

2. 蒸发结晶

将溶剂部分汽化，使溶液达到过饱和状态。这是最早采用的一种结晶方法，适用于溶解度随温度变化不大的一些物质的结晶操作。

3. 真空结晶

使溶液在真空状态下绝热蒸发，除去部分溶剂，并使部分热量以汽化热的形式被带走，降低溶液的温度。实际上是同时用蒸发和冷却两种方法使溶液达到过饱和，适合于中等溶解度的盐类的结晶操作。

4. 喷雾结晶

即喷雾干燥，将高度浓缩的悬浮液或者糊状物料通过喷雾器，使其成为雾状微滴，在设备内通过热风使其中的溶剂迅速蒸发，从而得到粉末状或颗粒状产品。该过程实际上把蒸发、结晶、干燥、分离等操作融为一体，适用于热敏性物料的生产，广泛应用于食品、医药、染料、洗衣粉等行业。

5. 盐析结晶

将某种盐类加入溶液中，使原来溶质的溶解度降低而形成过饱和溶液的方法。

6. 升华结晶

将升华之后的气态物质冷凝以得到结晶的固体产品的方法，如三氯化铝的生产。

（三）结晶过程及影响因素

1. 结晶生成过程一般可分为三个阶段：过饱和溶液的形成、晶核的生成和晶体的成长。过饱和溶液析出过量的溶质产生晶核，晶核形成后会在过饱和溶液中不断地成长，使晶体长大。在晶体长大的同时，过饱和溶液中还会有新的晶核继续形成，因此，晶核的形成和晶体的长大通常是同时进行的。

2. 结晶操作的影响因素主要有溶液的过饱和度、搅拌、冷却速度、杂质、加入的晶种等方面。

①过饱和度是影响晶核形成速率和成长速率的关键因素，它们随着溶液的过饱和度的增加而增大。某一种溶液适宜的过饱和度一般可由试验来确定。

②搅拌器是在结晶操作中常用的装置。通过搅拌，一是使溶液的温度均匀，防止溶液浓度局部不均，甚至结垢；二是提高溶质扩散的速率，有利于晶体的成长。使用搅拌器时应注意选择好适合产品和结晶设备的搅拌形式，并控制合适的搅拌强度。

③冷却或蒸发是溶液产生过饱和度的重要手段之一。冷却或蒸发速度的大小，影响操作时过饱和度的大小。过快的冷却或蒸发速度，会使过饱和度增长过快，结晶核大量形成，影响结晶的粒度。因此，结晶操作过程冷却或蒸发的速度不宜过快。

④杂质的存在对晶体的生长有很大的影响，因此，应尽量除去杂质，提高结晶体的质量。

⑤晶种的影响。很多工业结晶操作都是在人为加入晶种的情况下进行的，晶种的作用主要是用来控制晶核的数量，以获得较大而均匀的产品。加入晶种的时间应控制在溶液达到饱和度时，加入时进行轻微搅动。过早加入晶种会使其被不饱和溶液溶解，不能达到饱和作用；过晚加入则溶液已达到过饱和，晶核已经形成，加入晶种就不起作用了。

（四）结晶操作注意事项及安全要求

相对于其他单元操作，结晶生产操作作业条件比较温和，发生事故的概率较低，在生产过程中应注意以下事项：

1. 应按产品要求，操作时防止设备器壁上形成结垢，一旦发现应及时清除。

2. 循环系统流速要均匀，不要出现滞留死角，凡有溶液的管道应进行保温，防止局部冷却而生成晶核沉积。

3. 要均衡操作，防止剧烈振动和强烈搅拌等影响晶核形成的现象发生。应尽量选用大直径低转速的搅拌器。

4. 重视对溶液中杂质的清除，有利于结晶的顺利进行和保证结晶体的质量。

5. 在安全技术上，对有毒或者易燃液体作为溶剂的溶液应采取相应的防毒、防火措施，对蒸发结晶操作应做好高温管道的保温，防止蒸气和高温物料造成人体灼伤。

七、蒸馏单元操作

化工生产中有许多互溶的液体混合物需要分离。例如，石油经过蒸馏操作可分离得到汽油、煤油、柴油等多种燃料油品及化工原料，液态空气经过蒸馏操作可得到高纯度的氧气、氮气和其他气体。因此，蒸馏操作是应用非常广泛的分离互溶液体混合物或液态气体混合物的常用单元操作。

（一）蒸馏操作的基本原理

1. 蒸馏操作是以互溶液体混合物中各组分在相同的操作条件（如压力、温度）下其沸点和饱和蒸气压不同为依据，通过加入热量或取出热量的方法，使混合液形成气、液两相系统，气、液两相系统在相互接触中进行热量和质量的传递，使易挥发组分在气相中增浓，难挥发组分在液相中增浓，从而达到互溶液体分离的目的。这也是蒸馏操作能够达到溶液分离的基本原理。

2. 蒸馏和蒸发的区别。蒸馏和蒸发虽然都是将液体混合物加热到沸腾状态进行分离的单元操作，但这两种操作有着本质的不同，必须加以区分。

①在蒸发单元操作中，溶液中的溶剂是挥发的，溶质是不挥发的，而进行蒸馏的溶剂和溶质都具有挥发性。

②蒸发操作除去的是一部分溶剂，而使液相中的溶质的浓度增加，其产物为被浓缩了的溶液或固体溶质；在蒸馏过程中，溶质和溶剂同时变成蒸气，蒸气冷凝液和残液可能都是蒸馏操作的产品。

（二）蒸馏操作的分类

根据蒸馏操作的不同特点，蒸馏可以有不同的分类方法。

1. 按蒸馏操作方式不同，可分为简单蒸馏、精馏和特殊蒸馏

简单蒸馏只能用于溶液的粗略分离，不能得到纯组分，因而实际应用较少，仅适用于分离要求不高或溶液内两个组分挥发度相差比较大的溶液的分离；精馏适用于靠简单蒸馏难分离的溶液或对分离要求比较高，要获得高纯度产品的场合，精馏是实际生产中应用最广泛的一种蒸馏方法；特殊蒸馏包括水蒸气蒸馏、恒沸精馏、萃取精馏等，适用于一般精馏难以分离或无法分离的物质。

2. 按蒸馏的操作流程不同，可分为间歇蒸馏和连续蒸馏

间歇蒸馏是将物料一次性加入釜内，蒸馏过程釜内液体易挥发组分逐步降低，直到符合生产要求为止，然后再进行加料。连续蒸馏是连续不断地向塔内进料，同时也连续不断地从塔顶、塔釜获得产品。

3. 按蒸馏操作压强的不同，可分为常压蒸馏、加压蒸馏和减压蒸馏

常压蒸馏采用得比较多；对于一些高沸点或者高温易分解的液体则应采用减压蒸馏，降低操作温度；若分离的液体混合物在常压下是气态，则应采用加压蒸馏。

4. 根据原料组分的数目，可分为双组分蒸馏和多组分蒸馏

双组分蒸馏是指分离液体混合物中只有两种组分的蒸馏操作。但在石油化工生产中，经常遇到两种以上组分的混合物的分离，称为多组分蒸馏。

（三）简单蒸馏的原理及流程

将互溶的混合液加入蒸馏釜中加热到沸点，使混合液部分汽化，将生成的蒸气不断送入冷凝器冷凝成液体并移出，使混合液得到部分分离的方法称为简单蒸馏或微分蒸馏。

操作时，将原料液送入蒸馏釜中用蒸气间接加热，使溶液达到沸腾，将产生的蒸气引入冷凝器冷凝。冷凝后的馏出液按沸程范围的不同分别送入不同的产品贮槽中。在操作过程中，蒸气中的轻组分不断被移出，蒸馏釜液相中易挥发组分含量越来越低，溶液的沸点逐渐升高，使馏出液中易挥发组分的浓度逐渐降低，需要分罐储存不同沸程范围的馏出液。当蒸馏釜中液体浓度降到一定程度时，蒸馏操作结束，排出残液，重新加料开始下一次操作。为了提高简单蒸馏的分离效果，可在蒸馏釜顶部加装一个分凝器，蒸馏釜汽化的蒸气经过分凝器时进行部分冷凝。由于增加了一次部分冷凝，使从分凝器出来的蒸气中易挥发组分的含量进一步提高，馏出液中的轻组分含量更高一些。

简单蒸馏是间歇操作，主要用于各组分沸点相差较大、分离要求不高的溶液的粗略分离。

（四）精馏原理及流程

当一次蒸馏不能得到较纯的组分，就要用精馏的方法来解决。精馏和蒸馏的区别为：简单蒸馏的气相部分经冷凝后得到的轻组分就是产品，直接进入中间罐或产品罐；当精馏操作进行时，塔顶轻组分先进入中间罐，根据分析数据确定其中一部分作为成品转入成品罐，另一部分进入回流罐，利用位差或者回流泵重新从塔的顶部某一塔板处回送到塔内，经分布器的均匀分布，与塔底部上升的含轻组分较少蒸气进行逆流接触，同时进行多次部

分汽化和部分冷凝，使原料得到更精细的分离。回流进塔的物料与进入成品罐的物料之比称为回流比。回流比根据塔顶物料的质量进行调整，是精馏操作中的一项重要控制指标，直接关联到产品的质量和精馏过程的能源消耗。回流量越大，产品纯度越高，但能量消耗也加大。选择合适的回流比，既能保证产品的质量，又不过多消耗能量，十分重要。

在精馏操作过程中，利用塔底部逐板上升的蒸气与从塔顶部逐板回流的液体在每一块塔板上同时进行传质和传热，同时进行部分汽化和部分冷凝。在精馏塔内自下而上的蒸气经过一次冷凝就与板上的液层接触一次，就部分冷凝一次。蒸气每经过一次冷凝，其中易挥发的组分就增大一次。由塔底至塔顶，每块塔板上升的蒸气中易挥发组分含量就逐板增大。从塔顶到每一块塔板下降的回流液，与上升的蒸气接触，每经过一次塔板就部分汽化一次，由塔顶往下至塔釜，每一块塔板上的回流液体中易挥发组分的含量就逐板减小。所以，整个精馏塔中易挥发组分在气相中自下而上逐渐增大，而其在液相中的易挥发组分浓度由上而下逐渐减小；塔板上的温度自下而上逐板降低，塔顶温度最低，塔釜温度最高。气相中的易挥发组分经过自下而上的多次增浓，从塔顶得到的蒸气经冷凝后就接近纯的易挥发组分；液相中的难挥发组分经过自上而下的足够多次的增浓，从塔底得到的为接近纯的难挥发组分。

工业上常用的精馏流程可分为间歇精馏流程和连续精馏流程。间歇精馏流程适合于加工量小、浓度经常变动或需要分批进行精馏的场合。连续精馏流程在工业上应用普遍，适合于大规模连续化生产过程。连续精馏达到稳定状态时，原料液连续稳定地进入塔内进行精馏，每一层塔板上的液体和蒸气组成都保持不变，塔顶和塔底连续出料，整个精馏过程连续平稳进行。而间隙精馏由于是一次投料，在精馏过程中，物料的组分不断发生变化，为了保证馏出液的质量，就要不断地调节回流、冷凝等工艺参数，使馏出液的浓度相对稳定。

（五）影响精馏塔操作的因素

由精馏原理可知，精馏是一个传热和传质同时进行的操作过程，因此，要保持精馏操作的稳定，必须维持进料管和出料管之间的物料平衡，以及全塔进出热量的平衡。凡是影响物料和热量平衡的因素，如进料量、进料组分及进料状态，冷凝器和再沸器的换热情况，甚至环境温度都会不同程度影响精馏塔的操作。由于精馏塔内是气液两相逆流接触进行传质传热的，所以无论哪种因素的变化，结果都是使塔内气液两相负荷改变，进而使精馏塔的操作状况发生变化。因此，精馏塔的操作控制，实质上是控制塔板上的气液相负荷大小，保持塔内物料的传热、传质效果，生产出合格的产品。但是每块塔板上的气液相负荷的变化是无法直接监控的，实际操作是通过对操作压强、塔釜及塔顶温度、回流比、进料量和出料等参数的监控来实现对气液相负荷的控制。

1. 操作压强的控制

在实际操作过程中，精馏塔的操作压强是选定了的，只要在工艺规定的压强下运行，气液相就是平衡的，操作也就稳定，压力在小范围内波动，对精馏稳定性影响不大，但压力出现大幅度的变化，说明上升蒸气量增大很多，气液平衡就被破坏，通常用控制塔顶冷凝器的冷却剂量和调节回流比来控制塔顶压力。

2. 温度的控制

在一定的操作压强下，气液平衡与温度有密切的关系，不同的温度对应着不同的气液平衡组成。塔顶、塔釜的气液平衡组成，就是塔顶、塔釜产品的组成，它们所对应的平衡温度就是塔顶、塔釜的温度控制指标。因此，控制好温度对精馏塔稳定操作，生产合格的产品非常重要。塔顶温度高，说明上升蒸气量增加，塔顶馏出液中的难挥发组分就相应增加。此时，塔顶产品产量增加，但质量降低。塔顶和塔釜温度控制常受到各方面因素的影响，如再沸器加热蒸气及冷凝冷却介质流量变化、回流量的大小、进料和出料状况等诸多因素。因此，温度的调节需要综合分析发生温度变化的原因，然后调节相应的操作参数，达到控制好温度的目的。

从对压力和温度控制要求中可以看到，精馏塔能够稳定地运行操作，是各个操作控制点综合平衡的过程。为了保证精馏塔顶、塔釜产品质量的稳定，一般对精馏塔的进料、出料、温度、压力、回流比等参数安装有自动控制装置。

（六）精馏单元安全操作技术

1. 精馏操作，尤其是加压精馏操作，往往由于再沸器加热过猛，冷凝系统冷量不足，甚至排气管冻堵等，造成塔内压力突然升高，处理不及时，除影响正常运行外，可能造成某连接点泄漏，形成事故。遇到这种异常应及时调整，不管什么原因，应首先加大排出气量，同时关小直至关闭加热剂阀门，将压力控制住，然后再查清原因进行处理。

2. 液泛也称淹塔，即下层塔板上的液体涌到上一层塔板上的现象。产生液泛的原因有两个：一是气相负荷严重过大，塔板液面上的压强相应增大，上升气流阻止上层塔板液体下流，同时夹带的液体也增多，最后致使下一层塔板上的液体涌到上一层；二是液相负荷严重过大，降液管满足不了溢流量使塔板上充满液体。出现淹塔现象后精馏操作是无法进行的，必须停止进料和加热，及时处理塔内积料（防止物料外溢引起事故）至原始状态后重新启动操作程序。

3. 处理难挥发液体混合物（常压下沸点在150℃以上）或高温下容易发生分解或者自聚的物料，应采用真空蒸馏，尽可能降低蒸馏操作的温度。对能自聚的物料还应在蒸馏釜内加入适量的阻聚剂，抑制聚合物的产生，避免聚合物产生后对塔板、填料及管道的堵塞。

4. 液态烃类物料的加压蒸馏，操作要求高，精馏过程在低温和压力条件下进行，整个精馏系统的设备、管道、附件就是一个压力设备群，应严格按照压力容器管理要求设计、制作和管理。运行过程应加强巡回检查，预防泄漏，定期检查安全阀、防爆片、可燃气体报警仪的可靠性。

5. 减压蒸馏过程设备、泵机的密封性非常重要，尤其是易燃液体、混合物精馏过程，一旦有泄漏点，空气就会进入塔内与系统内的易燃气体形成爆炸性混合气体，形成火灾、爆炸的隐患。操作过程应加强对密封点的检查。

6. 再沸器和蒸馏釜内的高沸物组分往往比较复杂，精馏操作人员不仅要熟悉本岗位温度、流量、压力的控制参数，还应了解化学合成过程的特点，了解反应中有没有少量的过敏性物质生成（如过氧化合物、爆炸性化合物），因为这些物质在蒸馏过程中会积累和浓缩，当达到一定的浓度时，有可能在较高釜温的条件下受热分解，引起事故。因此，蒸馏釜应定期清釜排渣。

7. 精馏操作涉及加热、冷却、流量、压力等多个参数，而精馏产品的质量是需要十分稳定的操作条件下才能达到的。这些参数中仅流量一项就涉及进料量、顶出料量、釜出料量、回流量、蒸气流量、冷却剂流量等，任何一个阀门的人为差错和失误，都会破坏塔内气液相的平衡，造成操作混乱，轻则影响产品质量，重则出现冲料、液泛等操作事故。因此，精馏操作实行全自动控制是减少人为失误、提高生产效率的重要措施。

八、萃取单元操作

工业上分离液体混合物的方法，除了蒸馏操作外，还可以采取液-液萃取。液-液萃取也称为溶剂萃取，是向液体混合物中加入适当溶剂形成两液相系统，利用原料液中组分在两液相中的溶解度差异而实现混合物中的组分分离。

（一）萃取的基本原理

萃取是利用混合液体中的两种组分，在某一溶剂中溶解度的差异而实现原混合液中组分的分离。

1. 萃取剂的选择非常重要，既要考虑好的分离效果，又要使萃取剂回收比较方便，具体应主要考虑以下几方面：①萃取剂要有良好的选择性，应对溶质 A 的溶解度越大越好，对稀释剂 B 的溶解度越小越好；②萃取相和萃余相应易于分层，有利于萃取后两相的分离，对此，要求萃取剂和稀释剂之间有较大的密度差；③便于萃取剂的回收，回收萃取剂一般使用蒸馏的方法，因此，要求萃取剂 S 对其组分的相对挥发度要大，且不形成共沸物。

2. 萃取与蒸馏操作相比较更适用于下列情况下的液体混合物的分离：

①液相混合物中各组分挥发能力差异很小或蒸馏时形成恒沸物不能采用普通方法分离。

②液相混合物中，欲分离的重组分浓度很低或者沸点很高，采用蒸馏操作不经济。

③混合液热敏性物料或蒸馏时易分解、聚合或发生其他变化。

④提取稀溶液中价值比较高的组分。

（二）萃取操作的影响因素及安全注意事项

1. 萃取剂的选择是萃取操作分离效果和经济性的关键，对单元操作的影响是最主要的，有关内容在前面章节已有阐述。

2. 萃取温度在操作中对萃取的相平衡有一定的影响，操作温度低，分离效果好。但温度过低，液体黏度增大，传质阻力增加，对萃取不利。工业上萃取作业一般均在常温下进行。

3. 萃取塔操作中，两液相的速度应控制恰当，过快的速度会因阻力增大而产生两个液相相互夹带的现象，相当于精馏塔出现的液泛现象，破坏了塔的操作平衡。

4. 萃取操作的原料、萃取剂大多为有机溶剂，具有易燃、易爆的特性，有些还会有一定的毒性或腐蚀性，因此，生产过程应有相应的防火防爆、防中毒及防腐蚀等安全措施。

除了液-液萃取外，利用溶剂还可以分离固体混合物，称为固-液萃取，它是利用固体混合物中各组分在溶剂中的溶解性能不同，而用液体溶剂从固体混合物中提取有用组分的一种非常有效的分离固体混合物的方法。

九、吸收单元操作

利用混合气体各组分在某一液体（溶剂）中溶解度不同而实现气体分离的过程称为气体吸收。吸收操作在吸收塔中进行，吸收塔一般为填料塔，也可以是板式塔。

作为一个完整的分离方法，吸收过程应包括吸收和解吸两个步骤。吸收仅起到把某一气体从混合气体中分出来的作用，在塔底得到的是溶剂和需要分出的气体的混合液。此溶液还要经过解吸才能得到提纯的气体（溶质），并回收溶剂。常用的解吸方法是对溶液进行加热或者闪蒸，达到溶液中气体分离的目的。

（一）吸收操作的特点和分类

1. 气体吸收和溶液的蒸馏同属气液传质操作，但两者各有不同的特点

蒸馏操作是依据溶液中各组分的挥发度不同而使互溶混合液得以分离；吸收是基于混合气体中各组分在吸收溶剂中的溶解度不同而使混合气体得到分离。蒸馏中不仅有气相中的重组分进入液相，同时也有液相中的轻组分转入气相的传质，属双相传质过程；吸收只有气相进入液相的传质，为单相传质过程。蒸馏是采用加热和冷凝的方法使混合物系内部产生两相体系，而吸收则是从外部引入液相吸收剂建立两相体系。蒸馏可以直接得到较纯的轻、重两组分，而吸收还需要对吸收液进行第二次分离操作（解吸）才能得到较纯的气体和回收溶剂。

2. 吸收操作可分为物理吸收和化学吸收

在吸收过程中，如果溶质和溶剂之间不发生明显的化学反应，可看作是气体中可溶组分单纯溶解于液相的物理过程；如果溶质与溶剂发生明显的化学反应，称为化学吸收，如用硫酸吸收氨等。

（二）吸收操作的应用和吸收剂的选择

1. 吸收操作的应用

吸收操作在工业生产中应用较多，经常使用的有以下四点：

①将气体产品制成溶液，成为最终商品出售，如水吸收氯化氢气体制成盐酸，水吸收甲醛气体制成甲醛溶液。

②吸收气体混合物中的一种或者几种组分，以分离气体混合物，如石油化工中的油吸收精制裂解气。

③用吸收剂吸收气体中的有害成分，达到气体纯化的目的，如用碱脱除氨原料气中的二氧化碳。

④回收气体混合物中的有效组分，以达到综合利用和环境保护的目的。

2. 吸收剂的选择

选择优良的吸收剂是吸收过程的关键，选择吸收剂时一般应考虑以下因素：

①吸收剂应对被分离的组分有较大的溶解度，而对其余的组分基本不吸收或者吸收很少。

②吸收剂要便于回收，减少解吸过程的运行成本。

③尽可能选择蒸气压低的溶剂，减少吸收过程的挥发损失。

④尽量选择无毒、不易燃和腐蚀性小的溶剂。

（三）吸收操作的基本流程和设备

由于逆流操作有许多优点，因此，在吸收操作中绝大多数都采用逆流操作流程。在逆流操作时，气液两相传质的平均推动力大，流出的溶剂与浓度最大的进塔气体接触，溶液的最终浓度可达最大值，而出口气体与新鲜的溶剂接触，出口气体中的溶质可降到最低，提高了吸收效率，且可尽量降低溶剂的用量。

塔式吸收有单塔吸收流程、串联多塔逆流吸收流程、吸收和解吸联合流程，下面简单介绍串联多塔逆流吸收流程、吸收和解吸联合流程。

一是串联多塔逆流吸收流程。操作时用泵将液体从一个吸收塔抽到另一个吸收塔，气体和液体互相逆向流动。在串联流程中可根据需要在塔间的液体管路上设置冷却器，混合气体从第一个塔底进料，新鲜吸收剂从最后一个塔的塔顶进料，气液逆向接触完成传质吸收，吸收的溶液从第一塔底出料，第二、第三塔的吸收液分别作为第一、第二塔的吸收剂。第一塔底出料的吸收溶液经解吸处理得到较纯的气体，并回收溶剂。

二是吸收和解吸联合流程。吸收和解吸经常联合进行，既可得到纯净的气体，同时又可回收溶剂。

（四）吸收操作控制及安全技术

吸收操作往往以吸收后尾气的浓度或塔溶液中溶质的浓度作为控制指标。当以净化气体为操作目的时，吸收后的尾气浓度为主要控制对象；当以吸收液作为产品时，出塔溶液的浓度为主要控制对象。

1. 吸收操作控制的主要参数

吸收操作控制的主要参数有温度、压力、吸收剂流量、气体的流速以及液位。温度越低，气体溶解度越大；反之，温度越高，吸收效率就下降。实际操作中，应根据设备的能力，控制物料的流量和冷却剂等，控制好吸收温度。压力对吸收和解吸有一定的影响，提高压力有利于吸收操作，增加溶液的吸收能力，减少溶液的循环量。实际操作中压力主要由原料气的组成以及前后工序的操作压力来决定。气体的流速也会直接影响吸收过程，流速大有利于液膜变薄，减少气体的扩散阻力，有利于气体的吸收，但过大的流速会造成液泛、雾沫夹带。因此，要根据操作要求选择一个最佳气流速度，保证吸收操作的稳定。此外，塔内的液位、吸收剂的用量也是吸收操作中应严格控制的技术参数。

2. 吸收操作中常见的故障

①填料塔内附件的损坏。填料和分布器是塔内的主要部件。当系统内分布器损坏后，

影响液体从塔顶均匀分布到填料表面缓慢下降，形成液体走偏，而使气液充分接触机会降低，影响传质效果。某些瓷质填料由于耐压性能等，长期运行后易损碎。塑料填料受温度影响易变形。填料的损坏易造成填料层高度下降，孔隙率降低，阻力增加，影响传质效率，严重时还会堵塞管道。因此，应定期检查塔设备的附件，检查和清洗填料，并进行更换。

②拦液和液泛也是吸收操作中应尽量避免发生的现象。正常操作一般不会发生这种现象，但操作负荷（特别是气相负荷）大幅度波动或者溶液起泡后，气体夹带雾沫过多就会形成拦液乃至液泛。此外，填料损坏，破损严重，塔内阻力明显增加也会引起拦液、液泛。防止拦液和液泛的发生要严格控制工艺参数，保持系统操作平稳，尽量减轻负荷波动，使工艺变化在装置许可的范围。还应及时判断有液位变化、压力增大等液泛现象的前期征兆，正确判断，及时采取措施。

③溶液起泡。随着吸收溶液运行时间的增加，会逐步形成一些不易破碎的稳定性泡沫，当积累到一定程度时就会影响吸收效果，严重时会使气体带液量增加，甚至发生液泛现象。发现这类情况应及时对溶液进行机械过滤或者向溶液内加入适当的消泡剂。

④塔内阻力升高。吸收塔的阻力在正常情况下是基本稳定的，通常只会在一个小范围内波动。当溶液起泡、填料层破碎或杂物堵塞时会影响溶液流通，引起塔内阻力升高，造成操作混乱。这种情况下应分析原因，并采用相应的处理方法，如起泡引起的阻力升高应采取消泡措施，填料破损引起的阻力升高应降低负荷，清洗、更换填料。

⑤吸收塔进出的气相和液相物料的种类很多，多数情况下会涉及有毒、易燃及腐蚀性物料，应针对物料的危险性能做好相关的安全防范措施。

⑥吸收过程常会有可燃组分或与空气的混合物一起排空，应将放空管接至室外高出屋面至少2m，并装上阻火器。

第六章　化工安全应急救援技术

第一节　化工安全应急预案及危险化学品事故应急救援

一、化工安全应急预案

为了贯彻落实"安全第一、预防为主、综合管理"方针，规范化工企业生产安全应急管理工作，提高应对风险和防范事故的能力，迅速有效地控制和处置可能发生的事故，确保员工生命及企业财产安全，须结合化工企业实际情况，制订适用于化工企业危险化学品泄漏、火灾、爆炸、中毒和窒息等各类生产安全事故的化工安全应急预案。

（一）化工安全应急原则

1. 以人为本，安全第一

发生事故时优先保护人的安全，作为岗位人员、救援人员必须做到处事不乱，应按预案要求尽可能地采取有效措施，若不能消除和阻止事故扩大，应采取正确的逃生方法迅速撤离，并迅速将险情上报，等待救援。

2. 统一指挥，分级负责

化工企业应急指挥部负责指挥其单位事故应急救援工作，按照各自职责，负责事故的应急处置。

3. 快速响应，果断处置

危险化学品事故的发生具有很强的突发性，可能在很短的时间内快速扩大，应按照分级响应的原则快速、及时地启动应急预案。

4. 预防为主，平战结合

坚持事故应急与预防工作相结合，加强危险源管理，做好事故预防工作。开展培训教育，组织应急演练，做到常备不懈，提高企业员工安全意识，并做好物资和技术储备工作。

（二）危险性分析

危险性分析的最终目的是要明确应急的对象、事故的性质及其影响范围、后果严重程度等，为应急准备、应急响应和减灾措施提供决策和指导依据。危险性分析包括危险识别、脆弱性分析和风险分析。

对于现代化的化工生产装置须实行现代化安全管理，即从系统的观念出发，运用科学分析方法识别、评价、控制危险，使系统达到最佳安全状态。应用系统工程的原理和方法预先找出影响系统正常运行的各种事件出现的条件，可能导致的后果，并制定消除和控制这些事件的对策，以达到预防事故、实现系统安全的目的。辨别危险、分析事故及影响后果的过程就是危险性分析。其具体危险分析如下：

1. 易燃液体泄漏危险分析

易燃液体的泄漏主要有两种形式：一种是易燃液体蒸气的泄漏，如分装过程的有机溶剂挥发等；另一种是易燃液体泄漏，如包装破损、腐蚀造成泄漏，固定管线、软管在作业完毕后内存残液流出，以及超灌溢出、码放超高坍塌泄漏等。

泄漏的易燃液体会沿着地面或设备设施流向低洼处，同时吸收周围热量，挥发形成蒸气，因其较空气稍重，又会沿地面扩散，渗入地下管沟，极易在非防爆区域或防爆等级较低的场所引起火灾爆炸事故。

2. 火灾、爆炸分析

化工企业经营、储存的危险化学品均具有易燃易爆特性，遇明火、高热、氧化剂能引起燃烧；其蒸气与空气形成爆炸性混合气，当其蒸气与空气混合物浓度达到爆炸极限时，遇到火源会发生爆炸事故。下面从形成火灾、爆炸的两个因素进行分析。

（1）存在易燃、易爆物质及形成爆炸性混合气体

①易燃液体在使用和储运过程中的温度越高，其蒸发量越大，越容易产生引起燃烧、爆炸所需的蒸气量，火灾爆炸危险性也就越大。

②化工企业有机溶剂设桶装储存，卸车和分装过程由于操作失误或机械故障等可造成可燃液体泄漏或蒸发形成爆炸性混合物。

③由于储存易燃液体的容器质量缺陷，存在密封不严、破损造成液体泄漏或蒸发形成爆炸性混合物。

④在搬运过程中不遵守操作规程，野蛮装卸，可能使包装破损液体泄漏或蒸发形成爆炸性混合物。

⑤仓库通风不良，易燃液体的蒸气不断积聚，最后达到爆炸极限浓度或在分装过程中

发生泄漏有可能形成爆炸性混合物。

⑥废气废液中含有易燃易爆残留物。

（2）着火源分析

①动火作业是设备设施安装、检修过程中常用的作业方式，若违章动火或防护措施不当，易引发火灾爆炸事故。动火作业在经营过程中是不可避免的，但事故却是可以预防的，关键在于要严格遵守用火、用电、动火作业安全管理制度，严格执行操作规程，落实防火监护人及防火措施。

②作业现场吸烟。在"防火、防爆十大禁令"中，烟火被列为第一位。因吸烟引发火灾爆炸事故时有发生。由于少数员工的安全意识差，有时会出现在防爆区吸烟的现象。

③车辆排烟喷火。汽车是以汽油或柴油做燃料的。有时，在排出的尾气中夹带火星、火焰，这种火星、火焰有可能引起易燃易爆物质的燃烧或爆炸。因此，无阻火器的机动车辆在厂区内行驶，是很危险的。汽车排烟喷火带来的危险应引起高度重视。

④电气设备产生的点火源。由于设计、选型工作的失误，造成部分电气设备选用不当，不能满足防火防爆的要求，在投产使用过程中，可能产生电火花、电弧，进而引起火灾爆炸事故。

电气设备在安装、调试或检修过程中，因安装不当或操作不慎，有可能造成过载、短路而出现高温表面或产生电火花，或者发生电气火灾，进一步引发火灾爆炸事故。人员违章操作、违章用电以及其他原因，也会制造出电火花、电气火灾等火源。

⑤静电放电。由于原料液体、产品液体电阻率高，液体在分装、倾倒过程中流动相互摩擦能产生静电；若静电导除不良，有可能因静电积聚而产生静电火花，引燃易燃液体，造成火灾爆炸事故。

⑥机械摩擦和撞击火花。金属工具、鞋钉等金属器件，相互之间或敲击设备，就有可能产生火花。

3. 物体打击危险分析

物体打击是指落物、滚石、捶击、碎裂、崩塌、砸伤等造成的伤害，若有防护不当、操作人员违章操作、误操作，则可能发生工具或其他物体从高处坠下，造成物体打击的危险。物体打击危险主要存在于设备检修及其他作业过程中，堆放的物料未放稳倒塌。

4. 触电危险分析

触电主要是指电流对人体的伤害作用。电流对人体的伤害可分为电击和电伤。电击是电流通过人体内部，影响人体呼吸、心脏和神经系统，造成人体内部组织的破坏，以致死亡；电伤害主要是电流对人体外部造成的局部伤害，包括电弧烧伤、熔化金属渗入皮肤等伤害，以及两类伤害可能同时发生，不过绝大多数电气伤害事故都是由电击造成的。

在危险化学品经营、储存过程中造成触电的原因主要是人体触碰带电体，触碰带电体绝缘损坏处、薄弱点，触碰平常不带电的金属外壳（该处漏电，造成外壳带电），超过规范容许的距离，接近高压带电体等，均可能造成设备事故跳闸或人员触电伤害。

在电气设备、装置、运行、操作、巡视、维护、检修工作中，由于安全技术组织措施不当，安全保护措施失效，违反操作规程，误操作、误入带电间格、设备缺陷、设备不合格、维修不善、人员过失或其他偶然因素等，都可能造成人员触碰带电体，引发设备事故或人体触电伤害事故。

5. 机械伤害

机械伤害是指机械设备运动（静止）部件、工具、加工件直接与人体接触引起的夹击、碰撞、剪切、卷入、碾、割、刺等伤害。

化工企业使用消防泵等机械设备，在操作这些设备时，如设备传动部位无防护、设备本身设计有缺陷、操作人员违章操作、误操作、设备发生故障以及在检修设备时稍不注意就有可能导致机械伤害。

（三）组织机构及职责

化工企业领导负责生产安全事故应急管理工作，其他有关部门主管按照业务分工负责相关类别生产安全事故的应急管理工作。化工企业总指挥指导企业生产安全事故应急体系建设、综合协调信息发布、情况汇总分析等工作。专业应急救援小组由企业有关部门领导和员工组成。

1. 总指挥职责

①组织制订生产安全事故应急预案。

②负责人员、资源配置、应急队伍的调动。

③确定现场指挥人员。

④协调事故现场有关工作。

⑤批准本预案的启动与终止。

⑥授权在事故状态下各级人员的职责。

⑦危险化学品事故信息的上报工作。

⑧接受政府的指令和调动。

⑨组织应急预案的演练。

⑩负责保护事故现场及相关数据。

2. 副总指挥职责

①协助总指挥开展应急救援工作。

②指挥协调现场的抢险救灾工作。

③核实现场人员伤亡和损失情况，及时向总指挥汇报抢险救援工作及事故应急处理的进展情况。

④及时落实应急处理指挥中心领导的指示。

3. 抢险、技术、通信组职责

抢险、技术和通信组负责紧急状态下的现场抢修作业，包括以下内容：

①泄漏控制、泄漏物处理。

②设备抢修作业。

③及时了解事故及灾害发生的原因及经过，检查装置生产工艺处理情况。

④配合消防、救防人员进行事故处理，抢救及现场故障设施的抢修，如出现易燃易爆、有毒有害物质泄漏，有可能发生火灾爆炸或人员中毒时，协助有关部门通知人员立即撤离现场。

⑤组织好事故现场与指挥队伍及各队之间的通信联络，传达指挥部的命令。

⑥检查通信设备，保持通信畅通。

⑦及时掌握灾情发展变化情况，提出相应对策。

⑧负责灾后全面检查修复厂内的电气线路和用电设备，以便尽快恢复生产。

4. 灭火、警戒、保卫组职责

①第一时间将受伤人员转移出事故现场，然后分头进行灭火和火源隔离。先到达的消防组负责用灭火器材扑灭火源，后到的组员用消防水枪进行火源隔离和重点部位防护，扑灭非油性或非电器类的火源，防止火情扩大。

②负责对燃烧物质、火势大小做火灾记录，并及时向总指挥报告。

③根据事故等级，带领组员在不同区域范围设立警戒线，禁止无关人员进入厂区或事故现场。

④保护现场和有关资料、数据的完整。

⑤布置安全警戒，禁止无关人员、车辆通行，保证现场井然有序。

5. 后勤、救护、清理组职责

①组织救护车辆及医护人员、器材进入指定地点。

②组织现场抢救伤员及伤员送往医院途中的救护。

③进行防火、防毒处理。

④发现人员受伤情况严重时，立即联系相关的医院部门前往救护，并选好停车救护地点。

⑤负责（或负责协助医院救护人员）将受伤人员救离事故现场，并进行及时救治。

⑥在医院救护车未能及时到达时，负责对伤者实施必要的处理后，立即将受伤者送往医院进行救治。

⑦负责协助伤者脱离现场后的救护工作。

⑧负责应急所需物资的供给、后勤保障，保障应急救援工作能迅捷、有条不紊地进行。

⑨对调查完毕后的事故现场进行冲洗清理及协助专业部门进行现场消毒工作。

（四）预防与预警

1. 危险源监控

（1）危险源监测监控的方式方法

根据危险化学品的特点，对危险源采用操作人员日常安全检查、安全管理人员的巡回检查、专业人员的专项检查、领导定期检查以及节假日检查的方式实施监控。

（2）预防措施

①严禁携带火种进入有易燃易爆品的危险区域。

②易燃易爆场所严禁使用能产生火花的任何工具。

③易燃易爆区域严禁穿化纤的工作服。

④安装可燃气体检测报警仪，用于监控可燃气体的泄漏。

⑤张贴安全警示标志和职业危害告知牌。

⑥危险化学品包装须采用合格产品，确保生产工艺设备、设施及其储存设施等完好，防止毒害性物质的泄漏。

⑦操作人员必须做好个体防护，佩戴相关的劳动防护用品。

⑧作业现场配备应急药品。

2. 预警行动

（1）预警条件

当突然发生危险化学品泄漏、可能引发火灾爆炸事故造成作业人员受伤、已严重威胁到作业场所的人员和环境、非相关部门或相关班组力量所能施救的事件时，即发出预警。

（2）预警发布的方式方法

采用内部电话（包括固定电话、手机等方式）或喊话进行报警，由第一发现人发出警报。报警应说明发生的事故类型和发生事故的地点。

（3）预警信息发布的流程

①一旦发生危险化学品泄漏事故，第一发现人应当立即拨打电话或喊话向灭火、警戒、保卫组组长报告，灭火、警戒、保卫组组长向应急总指挥报告事故情况，必要时立即拨打119火警电话。

②总指挥应根据事故的具体情况及危险化学品的性质，迅速成立现场指挥部，启动应急救援预案，组织各部门进行抢险救援和作业场所人员的疏散。

③及时向上级主管部门报告事故和救援进度。

（4）预警行动具体程序

工作人员发现险情，经过企业当班安全员以上任意一名管理人员确认险情后，启动应急处置程序。

①企业总经理负责组织指挥应急小组的各项应急行动。

②生产部负责及时处理生产安全事故，并协助处理重大问题、上报总经理。

③安全主任负责现场安全管理工作，对安全设备、设施进行安全检查，做好初期灾情的施救工作。

④行政部负责通信联络及现场施救。

⑤现场员工应停止作业，疏散进厂的车辆和人员；警戒人员应加强警戒，禁止无关人员进入作业场所。

⑥如有运输车辆在装卸作业，应立即停止，迅速将车辆驶离厂区，到外面空旷的安全地带。

⑦义务消防员的使用。即利用场内所配备的灭火器材立即行动，准备扑灭可能发生的火灾。

⑧清理疏通站内外消防通道，并派人员在公路显眼处迎接和引导消防车辆。

⑨总经理应负责建立公司及周边应急岗位人员联系方式一览表。

⑩向事故相关单位通告。

当事故危及周边单位、社区时，指挥部人员应向相关部门汇报并提出要求组织周边单位撤离疏散或者请求援助。在发布消息时，必须发布事态的缓急程度，提出撤离的方向和距离，并明确应采取的预防措施，撤离必须有组织性。在向相关部门汇报的同时，安排企业员工直接到周边单位预警，告知企业发生的事故及要求周边单位协调、配合事项。

3. 信息报告与处置

（1）信息报告与通知

①应急值守电话。24小时有效的报警装置为固定电话，接警单位为值班室。

②事故信息通报程序。企业事故信息通报程序是指企业总指挥收到企业事故信息时，立即用电话、广播等通信工具通报指挥部副总指挥、现场指挥和各成员，各应急救援小组按应急处理程序进行现场应急反应。

（2）信息上报内容和时限

根据《生产安全事故报告和调查处理条例》的有关规定，一旦发生事故，按照下列程序和时间要求报告事故：

①事故发生后，事故现场有关人员应当通报相关部门负责人，按预警级别立即向应急救援指挥部通报。情况紧急时，事故现场有关人员可以直接向应急总指挥部报告或拨打119或120报警。

②应急总指挥接到事故报告后，应当于一小时内向市安全生产监督管理局报告。

③事故信息上报。企业发生生产事故后，根据事故响应分级要求报告事故信息。

④信息上报的内容有以下几点：

a. 发生事故的单位、时间、地点、设备名称。

b. 事故的简要经过，包括发生泄漏或火灾爆炸的物质名称、数量，可能的最大影响范围和现场伤亡情况等。

c. 事故现场应急抢救处理的情况和采取的措施，事故的可控情况及消除或控制所需的处理时间等。

d. 其他有关事故应急救援的情况：事故可能的影响后果、影响范围、发展趋势等。

e. 事故报告单位、报告人和联系电话。

⑤信息上报的时限。当企业发生危险化学品泄漏时，立即进行现场围堵收容、清除等应急工作。当发生危险化学品火灾、爆炸事故时，立即向上报告。

（五）应急响应

1. 响应分级

按照化工安全生产事故灾难的可控性、严重程度和影响范围，应急响应级别原则上分为Ⅰ级响应、Ⅱ级响应、Ⅲ级响应、Ⅳ级响应。

（1）出现下列情况之一启动Ⅰ级响应：

①造成30人以上死亡（含失踪），或危及30人以上生命安全，或者100人以上重伤

（包括急性工业中毒，下同），或者直接经济损失1亿元以上的特别重大安全生产事故灾难。

②需要紧急转移安置10万人以上的安全生产事故灾难。

③超出省（区、市）政府应急处置能力的安全生产事故灾难。

④跨省级行政区、跨领域（行业和部门）的安全生产事故灾难。

⑤国务院认为需要国务院安委会响应的安全生产事故灾难。

（2）出现下列情况之一启动Ⅱ级响应：

①造成10人以上、30人以下死亡（含失踪），或危及10人以上、30人以下生命安全，或者50人以上、100人以下重伤，或者5000万元以上、1亿元以下直接经济损失的重大安全生产事故灾难。

②超出地级以上市人民政府应急处置能力的安全生产事故灾难。

③跨地级以上市行政区的安全生产事故灾难。

④省政府认为有必要响应的安全生产事故灾难。

（3）出现下列情况之一启动Ⅲ级响应：

①造成3人以上、10人以下死亡（含失踪），或危及3人以上、10人以下生命安全，或者10人以上、50人以下重伤，或者1000万元以上、5000万元以下直接经济损失的较大安全生产事故灾难。

②需要紧急转移安置1万人以上、5万人以下的安全生产事故灾难。

③超出县级人民政府应急处置能力的安全生产事故灾难。

④发生跨县级行政区安全生产事故灾难。

⑤地级以上市人民政府认为有必要响应的安全生产事故灾难。

（4）出现下列情况之一启动Ⅳ级响应：

①造成3人以下死亡，或危及3人以下生命安全，或者10人以下重伤，或者1000万元以下直接经济损失的一般安全生产事故灾难。

②需要紧急转移安置5000人以上、1万人以下的安全生产事故灾难。

③县级人民政府认为有必要响应的安全生产事故灾难。

2. 响应程序

化工企业对发生危险化学品事故实施应急响应。主要响应如下：

事故发生后，根据事故发展态势和现场救援进展情况，执行如下应急响应程序：

①事故一旦发生，现场人员必须立即向总指挥报告，同时视事故的实际情况，拨打火警电话119和急救电话120向外求助。

②总指挥接到事故报告后，马上通知各应急小组赶赴现场，了解事故的发展情况，积极投入抢险，并根据险情的不同状况采取有效措施（包括与外单位支援人员的协调，岗位人员的留守和安全撤离等）。

③负责警戒的人员根据事故扩散范围建立警戒区，在通往事故现场的主要干道上实行交通管制，在警戒区的边界设置警示标志，同时疏散与事故应急处理工作无关的人员，以减少伤亡。

④总指挥安排各应急小组按预案规定的职责分工，开展相应的灭火、抢险救援、物资供应等工作。

⑤当难以控制紧急事态、事故危及周边单位时，启动企业一级应急响应，通过指挥部直接联系政府以及周边单位支援，并组织厂内及周边单位相关人员立即进行撤离疏散。

⑥事故无法控制时，所有人员应撤离事故现场。

3. 应急结束

（1）符合下列条件之一的，即满足应急终止条件

①事故现场得到控制，事件条件已经消除。

②事故造成的危害已被彻底清除，无继发可能。

③事故现场的各种专业应急处置行动已无继续的必要。

（2）事故终止程序

由总指挥下达解除应急救援的命令，由后勤、救护、清理组通知各个部门解除警报，由灭火、警戒、保卫组通知警戒人员撤离，在涉及周边社区和单位的疏散时，由总指挥通知周边单位负责人员或者社区负责人解除警报。

（3）应急结束后续工作

①应急总结。应急终止后，事故发生部门负责编写应急总结，应急总结至少应包括以下内容：

a. 事件情况，包括事件发生时间、地点、波及范围、损失、人员伤亡情况、事件发生初步原因。

b. 应急处置过程。

c. 处置过程中动用的应急资源。

d. 处置过程遇到的问题、取得的经验和吸取的教训。

②对预案的修改建议。应急指挥部根据应急总结和值班记录等资料进行汇总、归档，并起草上报材料。

（4）应急事件调查

按照事件调查组的要求，事故部门应如实提供相关材料，配合事件调查组取得相关证据。

（六）后期处置

1. 污染物处理

①对应急抢险所用消防水，先导入应急池，并委托有资质的污水处理单位进行处置。
②应急抢险所用其他固体废物，委托专业固体废物处理企业处理。

2. 生产秩序恢复

事故现场清理、洗消完毕；防止事故再次发生的安全防范措施落实到位；受伤人员得到治疗，情况基本稳定；设备、设施检测符合生产要求，经主管部门验收同意后恢复生产。

3. 善后赔偿

财产损失由财务部门进行统计，事故发生部门做好配合工作。发生人员伤亡的，由企业组织人员对受伤人员及其家属进行安抚，确定救治期间的费用问题。专职安全员准备工伤认定材料，按照工伤上报程序进行上报。协助当地人民政府做好善后处置工作，包括伤亡救援人员补偿、遇难人员补偿、亲属安置、征用物资补偿，救援费用支付，灾后重建，污染物收集、清理与处理等事项；负责恢复正常工作秩序，消除事故后果和影响，安抚受害和受影响人员，保证社会稳定。

4. 抢险过程和应急救援能力评估及应急预案的修订

由化工企业领导、专职安全员、行政部、生产部组建事件调查组，对事发原因、应急过程、损失、责任部门奖惩、应急需求等做出综合调查评估，形成调查报告，提交化工企业安全生产管理部门审核。由专职安全员负责对事故应急能力进行评估，并针对不足之处对应急预案进行修订。

（七）保障措施

1. 通信与信息保障

建立以固定通信为主，移动通信、对讲通信为辅的应急指挥通信系统，保证在紧急情况下，预警和指挥信息畅通。定期对应急指挥机构、应急队伍、应急保障机构的通信联络方式进行更新。保证在紧急情况下，参加应急工作的部门、单位和个人信息畅通。

2. 应急队伍保障

通过补充人员，开展技能培训和应急演练，加强化工企业应急队伍建设。

3. 应急物资装备保障

分工做好物资器材维护保养工作；配备应急的呼吸器材，如空气呼吸器等；防爆工具，如铜质工具；可燃气体检测仪，防爆灯具；消防器材、人员防护装备。上述器材由安全生产管理人员专人保管，纳入班组日常管理，并每月定期检查保养，以备急用。

4. 经费保障

化工企业每年统筹安排的专项安全资金应用于应急装备配置和更新、应急物资的购买和储备、应急预案的编制和演练等。

5. 其他保障

消防设施配置图、应急疏散图、现场平面布置图、危险化学品安全技术说明书等相关资料由专职安全员负责管理。

二、危险化学品事故应急救援

化学事故应急救援是指化学危险品基于各种原因造成或可能造成众多人员伤亡及其他较大的社会危害时，为及时控制危险源、抢救受害人员、指导群众防护和组织撤离、清除危害后果而组织的救援活动。随着化工工业的发展，生产规模日益扩大，一旦发生事故，其危害波及范围将越来越大，危害程度将越来越深，事故初期如不及时控制，小事故将会演变成大灾难，给生命和财产造成巨大损失。

（一）危险化学品事故应急救援的基本任务

化学事故应急救援是近几年国内开展的一项社会性减灾救灾工作。

1. 控制危险源

只有及时控制住危险源，防止事故继续扩大，才能及时有效地进行救援。

2. 抢救受害人员

抢救受害人员是应急救援的重要任务。在应急救援行动中，及时、有序、有效地实施现场急救与安全转送伤员是降低伤亡率、减少事故损失的关键。

3. 指导群众防护，组织群众撤离

由于化学事故发生突然、扩散迅速、涉及面广、危害大，应及时指导和组织群众采取各种措施进行自身防护，并向上风向迅速撤离出危险区或可能受到危害的区域。在撤离过

程中应积极组织群众开展自救和互救工作。

4. 做好现场清除，消除危害后果

对事故外逸的有毒有害物质和可能对人、环境继续造成危害的物质，应及时组织人员予以清除，消除危害后果，防止对人的继续危害和对环境的污染。对发生的火灾，要及时组织力量进行洗消。

5. 查清事故原因，估算危害程度

事故发生后应及时调查事故的发生原因和事故性质，估算出事故的波及范围和危险程度，查明人员伤亡情况，做好事故调查。

（二）危险化学品事故应急救援的基本形式

化学事故应急救援工作按事故波及范围及其危害程度，可采取三种不同的救援形式。

1. 事故单位自救

事故单位自救是化学事故应急救援最基本、最重要的救援形式，这是因为事故单位最了解事故的现场情况，即使事故危害已经扩大到事故单位以外区域，事故单位仍须全力组织自救，特别是尽快控制危险源。

2. 对事故单位的社会救援

对事故单位的社会救援主要是指重大或灾害性化学事故，事故危害虽然局限于事故单位内，但危害程度较大或危害范围已经影响周围邻近地区，依靠企业以及消防部门的力量不能控制事故或不能及时消除事故后果而组织的社会救援。

3. 对事故单位以外危害区域的社会救援

对事故单位以外危害区域的社会救援主要是对灾害性化学事故而言，指事故危害超出单位区域，其危害程度较大或事故危害跨区、县或需要各救援力量协同作战而组织的社会救援。

（三）危险化学品事故应急救援的组织与实施

危险化学品事故应急救援一般包括报警与接警、应急救援队伍的出动、实施应急处理、现场急救几个方面。

1. 事故报警

事故报警的及时与准确是及时控制事故的关键环节。当发生危险化学品事故时，现场人员必须根据各自企业制订的事故预案，采取积极而有效的抑制措施，尽量减少事故的蔓

延，同时向有关部门报告和报警。

2. 出动应急救援队伍

各主管部门在接到事故报警后，应迅速组织应急救援专职队伍，赶赴现场，在做好自身防护的基础上，快速实施救援，控制事故发展，并将伤员救出危险区域和组织群众撤离、疏散，消除危险化学品事故的进一步危害。

3. 紧急疏散

建立警戒区域，迅速将警戒区及污染区内与事故应急处理无关的人员撤离，并将相邻的危险化学品转移到安全地点，以减少人员伤亡和财产损失。

4. 现场急救

对受伤人员进行现场急救，在事故现场，危险化学品对人体可能造成的伤害为中毒、窒息、冻伤、化学灼伤、烧伤等，进行急救时，不论是患者还是救援人员都需要进行适当的防护。

第二节　化工安全事故应急处理

事故应急处理主要包括火灾事故的应急处理、爆炸事故的应急处理、泄漏事故的应急处理和中毒事故的应急处理。

一、火灾事故的应急处理

（一）火灾的种类

1. 普通火灾：是由木材、纸张、棉、布、塑胶等固体所引起的火灾。

2. 油类火灾：是由火性液体及固体油脂及液化石油器、乙炔等易燃气体所引起的火灾。

3. 电气火灾：是由通电中电气设备，如变压器、电线走火等所引起的火灾。

4. 金属火灾：是由钾、钠、镁、锂及禁水物质引起的火灾。

（二）火灾事故应急处理

处理危险化学品火灾事故时，首先应该进行灭火。灭火对策如下所述：

1. 扑灭初期火灾：在火灾尚未扩大到不可控制之前，应使用适当的移动式灭火器来控制火灾。迅速关闭火灾部位的上、下游阀门，切断进入火灾事故地点的一切物料，然后立即启用现有的各种消防装备扑灭初期火灾并控制火源。

2. 对周围设施采取保护措施：为防止火灾危及相邻设施，必须及时采取冷却保护措施，并迅速疏散受火势危及的物资。有的火灾可能造成易燃液体的外流，这时可用沙袋或其他材料筑堤拦截流淌的液体或挖沟导流，将物料导向安全地点。必要时用毛毡、海草帘堵住下水井、窨井口等处，防止火势蔓延。

3. 火灾扑救：扑救危险品化学品火灾绝不可盲目行动，应针对每一类化学品选择正确灭火剂和灭火方法。必要时采取堵漏或隔离措施，预防次生灾害扩大。当火势被控制以后，仍然要派人监护，清理现场，消灭余火。

（三）扑灭火灾的方法

1. 冷却灭火法：将灭火剂直接喷洒在可燃物上，使可燃物的温度降低到自燃点以下，从而使燃烧停止。用水扑救火灾，其主要作用就是冷却灭火。一般物质起火，都可以用水来冷却灭火。火场上，除用冷却法直接灭火外，还经常用水冷却尚未燃烧的可燃物质，防止其达到燃点而着火；还可用水冷却建筑构件、生产装置或容器等，以防止其受热变形或爆炸。

2. 隔离灭火法：可燃物是燃烧条件中重要的条件之一，如果把可燃物与引火源或空气隔离开来，那么燃烧反应就会自动中止。如用喷洒灭火剂的方法，把可燃物同空气和热隔离开来、用泡沫灭火剂灭火产生的泡沫覆盖于燃烧液体或固体的表面，在冷却作用的同时，把可燃物与火焰和空气隔开等，都属于隔离灭火法。采取隔离灭火的具体措施很多。例如：将火源附近的易燃易爆物质转移到安全地点；关闭设备或管道上的阀门，阻止可燃气体、液体流入燃烧区；排除生产装置、容器内的可燃气体、液体，阻拦、疏散可燃液体或扩散的可燃气体；拆除与火源相毗连的易燃建筑结构，形成阻止火势蔓延的空间地带等。

3. 窒息灭火法：可燃物质在没有空气或空气中的含氧量低于14%的条件下是不能燃烧的。所谓窒息法就是隔断燃烧物的空气供给。因此，采取适当的措施，阻止空气进入燃烧区，或用惰性气体稀释空气中的氧含量，使燃烧物质缺乏或断绝氧而熄灭，适用于扑救封闭式的空间、生产设备装置及容器内的火灾。火场上运用窒息法扑救火灾时，可采用石棉被、湿麻袋、湿棉被、沙土、泡沫等不燃或难燃材料覆盖燃烧或封闭孔洞；用水蒸气、惰性气体（如二氧化碳、氮气等）充入燃烧区域；利用建筑物上原有的门以及生产储运设备上的部件来封闭燃烧区，阻止空气进入。此外，在无法采取其他扑救方法而条件又允许的情况下，可采用水淹没（灌注）的方法进行扑救。

二、爆炸事故的应急处理

爆炸是指大量能量（物理或化学）在瞬间迅速释放或急剧转化成机械、光、热等能量形态的现象。物质从一种状态迅速转变成另一种状态，并在瞬间放出大量能量的同时产生巨大声响的现象称为爆炸。爆炸事故是指人们对爆炸失控并给人们带来生命和健康的损害及财产损失的事故。多数情况下是指突然发生、伴随爆炸声响、空气冲击波及火焰而导致设备设施、产品等物质财富被破坏和人员生命与健康受到损害的现象。

（一）爆炸事故种类

爆炸可分为物理性爆炸和化学性爆炸两种，具体如下所述。

1. 物理性爆炸

由物理变化引起的物质因状态或压力发生突变而形成爆炸的现象称为物理性爆炸。例如，容器内液体过热汽化引起的爆炸，锅炉的爆炸，压缩气体、液化气体超压引起的爆炸等。物理性爆炸前后物质的性质及化学成分均不改变。

2. 化学性爆炸

由于物质发生极迅速的化学反应，产生高温、高压而引起的爆炸称为化学性爆炸。化学爆炸前后物质的性质和成分均发生了根本的变化。化学爆炸按爆炸时所产生的化学变化，可分成三类。

（1）简单分解爆炸

引起简单分解爆炸的爆炸物，在爆炸时并不一定发生燃烧反应，爆炸所需的热量，是由于爆炸物质本身分解时产生的。属于这一类的有叠氮铅、乙炔银、乙炔酮、碘化氮、氯化氮等。这类物质是非常危险的，受轻微振动即引起爆炸。

（2）复杂分解爆炸

这类爆炸性物质的危险性较简单分解爆炸物低，所有炸药均属于这种类型。这类物质爆炸时伴有燃烧现象。燃烧所需的氧由本身分解时供给。各种氮及氯的氧化物、苦味酸等都属于这一类。

（3）爆炸性混合物爆炸

所有可燃气体、蒸气及粉尘与空气混合而形成的混合物的爆炸均属此类。这类物质爆炸需要一定条件，如爆炸性物质的含量、氧气含量及激发能源等。因此，其危险性虽较前两类低，但极普遍，造成的危害也较大。

（二）常见爆炸事故类型

1. 气体燃爆

气体燃爆是指从管道或设备中泄漏出来的可燃气体，遇火源而发生的燃烧爆炸。

2. 油品爆炸

常见的油品爆炸，是指如重油、煤油、汽油、苯、酒精等易燃、可燃液体所发生的爆炸。

3. 粉尘、纤维爆炸

由煤尘、木屑粉、面粉及铝、镁、碳化钙等引起的爆炸。

（三）爆炸事故的伤害特点

根据爆炸的性质不同，造成的伤害形式多样，严重的多发伤害占较大的比例。

1. 爆震伤

爆震伤又称为冲击伤，距爆炸中心 0.5～1m 以外受伤，是爆炸伤害中较为严重的一种损伤。

爆震伤的受伤原理是爆炸物在爆炸的瞬间产生高速高压，形成冲击波，作用于人体生成冲击伤。冲击波比正常大气压大若干倍，作用于人体造成全身多个器官损伤，同时又因高速气流形成的动压，使人跌倒受伤，甚至肢体断离。爆震伤的常见伤型如下：

①听器冲击伤：发生率为 3.1%～55%。

②肺冲击伤：发生率为 8.2%～47%。

③腹部冲击伤。

④颅脑冲击伤。

识别爆震伤的常见方法如下：

①耳鸣、耳聋、耳痛、头痛、眩晕。

②伤后出现胸闷、胸痛、咯血、呼吸困难、窒息。

③伤后表现腹痛、恶心、呕吐、肝脾破裂大出血导致休克。

④伤后神志不清或嗜睡、失眠、记忆力下降，伴有剧烈头痛、呕吐、呼吸不规则。

2. 爆烧伤

爆烧伤实质上是烧伤和冲击伤的复合伤，发生在距爆炸中心 1～2 m，由爆炸时产生的高温气体和火焰造成，严重程度取决于烧伤的程度。

3. 爆碎伤

爆炸物爆炸后直接作用于人体或由于人体靠近爆炸中心，造成人体组织破裂、内脏破裂、肢体破裂、血肉横飞，失去完整形态。还有一些是由于爆炸物穿透体腔，形成穿通伤，导致大出血、骨折。

4. 有害气体中毒

爆炸后的烟雾及有害气体会造成人体中毒。常见的有害气体有一氧化碳、二氧化碳、氮氧化合物。识别有害气体中毒主要有以下方法：

①由于某些有害气体对眼、呼吸道有强烈的刺激，爆炸后眼、呼吸道有异常感觉。

②急性缺氧、呼吸困难、口唇发绀。

③发生休克或肺水肿早期死亡。

（四）爆炸事故应急处理

爆炸事故发生时，一般应采用以下基本对策：

一是迅速判断和查明再次发生爆炸的可能性和危险性，紧紧抓住爆炸后和再次发生爆炸之前的有利时机，采取一切可能的措施，全力制止再次发生爆炸。

二是切忌用沙土盖压，以免增强爆炸物品爆炸时的威力。

三是如果有疏散的可能，人身安全上确有可靠保障，应迅速组织力量及时转移着火区域周围的爆炸物品，使着火区周围形成一个隔离带。

四是扑救爆炸物品堆垛时，水流应采用吊射，避免强力水流直接冲击堆垛，以免堆垛倒塌引起再次爆炸。

五是灭火人员应尽量利用现场现成的掩蔽体或尽量采用卧姿等低姿射水，尽可能地采取自我保护措施。消防车辆不要停靠在离爆炸品太近的水源。

六是灭火人员发现有发生再次爆炸的危险时，应立即向现场指挥报告，现场指挥应迅速做出准确判断，确有发生再次爆炸的征兆或危险时，应立即下达撤退命令。灭火人员接到或听到撤退命令后，应迅速撤至安全地带，来不及撤退时，应就地卧倒。

三、泄漏事故的应急处理

在化学品的生产、储存和使用过程中，盛装化学品的容器常常发生一些意外的破裂、倒洒等事故，造成化学危险品的外漏，因此，需要采取简单、有效的安全技术措施来消除或减少泄漏危险，如果对泄漏控制不住或处理不当，随时有可能转化为燃烧、爆炸、中毒等恶性事故。下面介绍一下化学品泄漏必须采取的应急处理措施。

（一）疏散与隔离

在化学品生产、储存和使用过程中一旦发生泄漏，首先要疏散无关人员，隔离泄漏污染区。如果是易燃易爆化学品大量泄漏，这时一定要打"119"报警，请求消防专业人员救援，同时要保护、控制好现场。

（二）切断火源

切断火源对化学品的泄漏处理特别重要，如果泄漏物是易燃品，则必须立即消除泄漏污染区域内的各种火源。

（三）个人防护

参加泄漏处理人员应对泄漏品的化学性质和反应特征有充分的了解，要在高处和上风处进行处理，严禁单独行动，要有监护人。必要时要用水枪（雾状水）掩护。要根据泄漏品的性质和毒物接触形式，选择适当的防护用品，防止事故处理过程中发生伤亡、中毒事故。

1. 呼吸系统防护

为了防止有毒有害物质通过呼吸系统侵入人体，应根据不同场合选择不同的防护器具。对于泄漏化学品毒性大、浓度较高，且缺氧情况下，必须采用氧气呼吸器、空气呼吸器、送风式长管面具等。对于泄漏中氧气浓度不低于18%，毒物浓度在一定范围内的场合，可以采用防毒面具，毒物浓度在2%以下的采用隔离式防毒面具，浓度在1%以下采用直接式防毒面具，浓度在0.1%以下采取防毒口罩，在粉尘环境中可采用防尘口罩。

2. 眼睛防护

为防止眼睛受到伤害，可采用化学安全防护眼镜、安全防护面罩等。

3. 身体防护

为了避免皮肤受到损伤，可以采用带面罩式胶布防毒衣、连衣式胶布防毒衣、橡胶工作服、防毒物渗透工作服、透气型防毒服等。

4. 手防护

为了保护手不受损害，可以采用橡胶手套、乳胶手套、耐酸碱手套、防化学品手套等。

（四）泄漏控制

如果在生产使用过程中发生泄漏，要在统一指挥下，通过关闭有关阀门，切断与之相连的设备、管线，停止作业，或改变工艺流程等方法来控制化学品的泄漏。

如果是容器发生泄漏，应根据实际情况，采取措施堵塞和修补裂口，制止进一步泄漏。另外，要防止泄漏物扩散，殃及周围的建筑物、车辆及人群，万一控制不住泄漏，要及时处置泄漏物，严密监视，以防火灾爆炸。

（五）泄漏物的处置

要及时将现场的泄漏物进行安全可靠的处置。

1. 气体泄漏物处置

应急处理人员要做的只是止住泄漏，如果可能的话，用合理的通风使其扩散不至于积聚，或者喷洒雾状水使之液化后处理。

2. 液体泄漏物处理

对于少量的液体泄漏，可用沙土或其他不燃吸附剂吸附，收集于容器内后进行处理。而大量液体泄漏后四处蔓延扩散，难以收集处理，可以采用筑堤堵截或者引流到安全地点的方法。为降低泄漏物向大气的蒸发，可用泡沫或其他覆盖物进行覆盖，在其表面形成覆盖后，抑制其蒸发，然后进行转移处理。

3. 固体泄漏物处理

固体泄漏物处理用适当的工具收集泄漏物，然后用水冲洗被污染的地面。

四、中毒事故的应急处理

发生中毒事故时，现场人员应分头采取下述措施：

（一）采取有效个人防护

进入事故现场的应急救援人员必须根据发生中毒的毒物，选择佩戴个体防护用品。进入水煤气、一氧化碳、硫化氢、二氧化碳、氮气等中毒事故现场，必须佩戴防毒面具、正压式呼吸器、穿消防防护服；进入液氨中毒事故现场，必须佩戴正压式呼吸器、穿气密性防护服，同时做好防冻伤的防护。

（二）询情、侦查

救援人员到达现场后，应立即询问中毒人员、被困人员情况，毒物名称、泄漏量等，并安排侦查人员进行侦查，内容包括确认中毒、被困人员的位置；泄漏扩散区域及周围有无火源、泄漏物质浓度等，并制订处置的具体方案。

（三）确定警戒区和进攻路线

综合侦查情况，确定警戒区域，设置警戒标志，疏散警戒区域内与救援无关人员至安全区域，切断火源，严格限制出入。救援人员在上风、侧风方向选择救援进攻路线。

（四）现场急救

一是迅速将染毒者撤离现场，转移到上风或侧上风方向空气无污染地区；有条件时应立即进行呼吸道及全身防护，防止继续吸入染毒。

二是立即脱去被污染者的服装；皮肤污染者，用流动清水或肥皂水彻底冲洗；眼睛污染者，用大量流动清水彻底冲洗。

三是对呼吸、心跳停止者，应立即进行人工呼吸和心脏按压，采取心肺复苏措施。

四是严重者立即送往医院观察治疗。

（五）排除险情

1. 禁火抑爆

迅速清除警戒区内所有火源、电源、热源和与泄漏物化学性质相抵触的物品，加强通风，防止引起燃烧爆炸。

2. 稀释驱散

在泄漏储罐、容器或管道的四周设置喷雾水枪，用大量的喷雾水、开花水流进行稀释，控制泄漏物漂流方向和飘散高度。室内加强自然通风和机械排风。

3. 中和吸收

高浓度液氨泄漏区，喷含盐酸的雾状水中和、稀释、溶解，构筑围堤或挖坑收容产生的大量废水。

4. 关阀断源

安排熟悉现场的操作人员关闭泄漏点上下游阀门和进料阀门，切断泄漏途径，在处理过程中，应使用雾状水和开花水配合完成。

5. 器具堵漏

使用堵漏工具和材料对泄漏点进行堵漏处理。

6. 倒灌转移

液氨储罐发生泄漏，在无法堵漏的情况下，可将泄漏储罐内的液氨倒入备用储罐或液氨槽车。

（六）洗消

1. 围堤堵截

筑堤堵截泄漏液体或者引流到安全地点，储罐区发生液体泄漏时，要及时关闭雨水阀，防止物料沿明沟外流。

2. 稀释与覆盖

对于一氧化碳、氢气、硫化氢等气体泄漏，为降低大气中气体的浓度，向气云喷射雾状水稀释和驱散气云，同时可采用移动风机，加速气体向高空扩散。对于液氨泄漏，为减少向大气中的蒸发，可喷射雾状水稀释和溶解或用含盐酸水喷射中和，抑制其蒸发。

3. 收集

对于大量泄漏，可选择用泵将泄漏出的物料抽到容器或槽车内；当泄漏量小时，可用吸附材料、中和材料等吸收中和。

4. 废弃

将收集的泄漏物运至废物处理场所处置，用消防水冲洗剩下的少量物料，冲洗水排入污水系统处理。

第三节　危险化学品事故现场急救技术

现场救护是指在事发现场对伤员实施及时、有效的初步救护，是立足现场的抢救。事故发生后的几分钟、十几分钟是抢救危重伤员最重要的时刻，医学上称其为"救命的黄金时刻"。在此时间内，抢救及时、正确，生命有可能被挽救；反之，生命可能会丧失或病情加重。现场及时、正确的救护，能为医院救治创造条件，最大限度地挽救伤员的生命和减轻伤残。在事故现场，"第一目击者"应对伤员实施有效的初步紧急救护措施，以挽救生命，减轻伤残和痛苦。然后，在医疗救护下运用现代救援服务系统，将伤员迅速就近送到医疗机构，继续进行救治。

一、现场救护伤情判断

在进行现场救护时，抢救人员要发扬救死扶伤的人道主义精神，要在迅速通知医疗急救单位前来抢救的同时，沉着、灵活、迅速地开展现场救护工作。遇到大批伤员时，要组织群众进行自救互救。在急救中要坚持先抢后救、先重后轻、先急后缓的原则。对大出血、神志不清、呼吸异常或呼吸停止、脉搏微弱或心跳停止的危重伤病员，要先救命后治伤。对多处受伤的伤员一般要先维持呼吸道通畅、止住大出血、处理休克和内脏损伤，然后处理骨折，最后处理伤口，分清轻重缓急，及时开展急救。常用的生命指征有神志、呼吸、血液循环、瞳孔等。呼吸停止、心跳停止和双侧瞳孔固定散大是死亡的三大特征。

为了有效实施现场救护，应掌握止血术、心肺复苏术、包扎术等通用现场急救技术。

二、止血术

血液是维持生命的重要物质，成年人血容量约占体重的8%，即4000～5000mL，如出血量为总血量的20%（800～1000mL）时，会出现头晕、脉搏增快、血压下降、出冷汗、肤色苍白、少尿等症状，如出血量达总血量的40%（1600～2000mL）时，就有生命危险。出血伤员的急救，只要稍拖延几分钟就会危及生命。因此，外伤出血是最需要急救的危重症，止血术是外伤急救技术之首。外伤出血分为内出血和外出血。内出血主要到医院救治，外出血是现场急救重点。理论上将出血分为动脉出血、静脉出血、毛细血管出血。动脉出血时，血色鲜红，有搏动，量多，速度快；静脉出血时，血色暗红，缓慢流出；毛细血管出血时，血色鲜红，慢慢渗出。若当时能鉴别，对选择止血方法有重要价值，但有时受现场光线等条件的限制，往往难以区分。现场止血术常用的有五种，使用时要根据具体情况，选用一种或把几种止血法结合一起应用，以最快、最有效、最安全地达到止血目的。

（一）指压动脉止血法

指压动脉止血法适用于头部和四肢某些部位的大出血。方法为用手指压迫伤口近心端动脉，将动脉压向深部的骨头，阻断血液流通。这是一种不要任何器械、简便、有效的止血方法，但因为止血时间短暂，常需要与其他方法结合进行。

（二）直接压迫止血法

直接压迫止血法适用于较小伤口的出血，用无菌纱布直接压迫伤口处，压迫约10min。

（三）加压包扎止血法

加压包扎止血法适用于各种伤口，是一种比较可靠的非手术止血法。先用无菌纱布覆盖压迫伤口，再用三角巾或绷带用力包扎，包扎范围应该比伤口稍大。这是一种目前最常用的止血方法，在没有无菌纱布时，可使用消毒丝巾、餐巾等替代。

（四）填塞止血法

填塞止血法适用于颈部和臀部较大而深的伤口；先用镊子夹住无菌纱布塞入伤口内，如一块纱布止不住出血，可再加纱布，最后用绷带或三角巾绕颈部至对侧臂根部包扎固定。

（五）止血带止血法

止血带止血法只适用于四肢大出血，当其他止血法不能止血时才用此法。止血带有橡皮止血带（橡皮条和橡皮带）、气性止血带（如血压计袖带）和布制止血带，但其操作方法各不相同。

三、心肺复苏术

心肺复苏术简称 CPR，就是当呼吸终止及心跳停顿时，合并使用人工呼吸及心外按摩来进行急救的一种技术。人员气体中毒、异物堵塞呼吸道等导致的呼吸终止、心跳停顿，在医生到来前，均可利用心肺复苏术维护脑细胞及器官组织不致坏死。

（一）心肺复苏步骤

一是将病人平卧在平坦的地方，急救者一般站或跪在病人的右侧，左手放在病人的前额上用力向后压，右手放在下颌沿，将头部向上向前抬起。注意让病人仰头，使病人的口腔、咽喉轴呈直线，防止舌头阻塞气道口，保持气道通畅。

二是人工呼吸。抢救者右手向下压颌部，撑开病人的口，左手拇指和食指捏住鼻孔，用双唇包封住病人的口外部，用中等的力量，按每分钟 12 次、每次 800 mL 的吹气量，进行抢救。一次吹气后，抢救者抬头做一次深呼吸，同时松开左手。下次吹气按上一步骤继续进行，直至病人有自主呼吸为止。注意吹气不宜过大，时间不宜过长，以免发生急性胃扩张。同时观察病人气道是否畅通，胸腔是否被吹起。

三是胸外心脏按压。抢救者在病人的右侧，左手掌根部置于病人胸前胸骨下段，右手掌压在左手背上，两手的手指翘起不接触病人的胸壁，伸直双臂，肘关节不弯曲，用双肩向下压而形成压力，将胸骨下压 4～5cm（小儿为 1～2cm）。注意按压部位不宜过低，以免损伤肝、胃等内脏。压力要适宜，过轻不足以推动血液循环；过重会使胸骨骨折，带来气胸血胸。

四是按压 30 次之后做两次人工呼吸，通常一个抢救周期为 3 轮，也就是按压 90 次、人工呼吸 6 次。经过 30min 的抢救，若病人瞳孔由大变小，能自主呼吸，心跳恢复，紫绀消退等，可认为复苏成功。终止心肺复苏术的条件：已恢复自主的呼吸和脉搏；有医务人员到场；心肺复苏术持续 1h 之后，伤者瞳孔散大固定、心脏跳动、呼吸不恢复，表示脑及心脏死亡。

（二）心肺复苏注意事项

一是人工呼吸吹气量不宜过大，一般不超过 1200mL，胸廓稍起伏即可。吹气时间不宜过长，过长会引起急性胃扩张、胃胀气和呕吐。吹气过程要注意观察患（伤）者气道是否通畅，胸廓是否被吹起。

二是胸外心脏按压只能在患（伤）者心脏停止跳动下才能施行。

三是口对口吹气和胸外心脏按压应同时进行，严格按吹气和按压的次数比例操作，吹气和按压的次数过多和过少均会影响复苏的成败。

四是胸外心脏按压的位置必须准确。不准确容易损伤其他脏器。按压的力度要适宜，过大过猛容易使胸骨骨折，引起气胸血胸；按压的力度过轻，胸腔压力小，不足以推动血液循环。

五是施行心肺复苏术时应将患（伤）者的衣扣及裤带解松，以免引起内脏损伤。

四、包扎术

包扎术是化工安全事故中医疗应急救护中的基本技术之一，可直接影响伤病员的生命安全和健康恢复。常用的包扎材料有三角巾和绷带，也可以用其他材料代替。

（一）三角巾包扎法

一是头部包扎：将三角巾的底边折叠两层约二指宽，放于前额齐眉以上，顶角拉向后颅部，三角巾的两底角经两耳上方，拉向枕后，先做一个半结，压紧顶角，将顶角塞进结里，然后再将左右底角到前额打结。

二是面部包扎：在三角巾顶处打一结，套于下颌部，底边拉向枕部，上提两底角，拉紧并交叉压住底边，再绕至前额打结。包完后在眼、口、鼻处剪开小孔。

三是手、足包扎：手（足）心向下放在三角巾上，手指（足趾）指向三角巾顶角，两底角拉向手（足）背，左右交叉压住顶角绕手腕（踝部）打结。

四是膝、肘关节包扎：三角巾顶角向上盖在膝、肘关节上，底边反折向后拉，左右交叉后再向前拉到关节上方，压住顶角打结。

五是胸背部包扎：取燕尾巾两条，底角打结相连，将连接置于一侧腋下的季肋部，另外两个燕尾底边角围绕胸背部在对侧打结。然后将胸背燕尾的左右两角分别拉向两肩部打结。

（二）绷带包扎

一是绷带包扎法：用绷带包扎时，应从远端向近端，绷带头必须压住，即在原处环绕数周，以后每缠一周要盖住前一周的 1/3~1/2。

二是螺旋包扎法：包扎时，做单纯螺旋上升，每一周压盖前一周的 1/2，多用于肢体和躯干等处。

（三）应急救援包扎技术的注意事项

一是动作要迅速准确，不能加重伤员的疼痛、出血和污染伤口。

二是包扎不宜太紧，以免影响血液循环；包扎太松会使敷料脱落或移动。

三是最好用消毒的敷料覆盖伤口，紧包时也可用清洁的布片。

四是包扎四肢时，指（趾）最好暴露在外面，以便观察血液循环。

五是应用三角巾包扎时，边要固定，角要拉紧，中心伸展，包扎要贴实，打结要牢固。

第七章 职业健康与劳动保护

第一节 职业危害概述

一、职业危害因素

（一）职业危害因素概念

在生产劳动场所存在的，可能对劳动者的健康及劳动能力产生不良影响或有害作用的因素，统称为职业危害因素。

职业危害因素是生产劳动的伴生物。它们对人体的作用，如果超过人体的生理承受能力，就可能产生三种不良后果。

一是可能引起身体的外表变化，俗称"职业特征"，如皮肤色素沉着、胼胝等。

二是可能引起职业性疾患，即职业病及职业性多发病。

三是可能降低身体对一般疾病的抵抗能力。

（二）分类

职业危害因素一般可以分为三类。

1. 生产工艺过程中的有害因素

（1）化学因素

包括生产性粉尘及生产性毒物。

（2）物理因素

包括不良气候条件（异常的温度、湿度及气压）、噪声与振动、电离辐射与非电离辐射等。

（3）生物因素

作业场所存在的会使人致病的寄生虫、微生物、细菌及病毒，如附着在皮毛上的炭疽杆菌、寄生在林木树皮上带有脑炎病毒的壁虱等。

2. 劳动组织不当造成的有害因素

①劳动强度过大。

②工作时间过长。

③由作业方式不合理，使用的工具不合理，长时间处于不良体位，或机械设备与人不匹配、不适应造成的精神紧张或者个别器官、某个系统紧张等。

3. 生产劳动环境中的有害因素

①自然环境中的有害因素，如夏季的太阳辐射等。

②生产工艺要求的不良环境条件，如冷库或烘房中的异常温度等。

③不合理的生产工艺过程造成的环境污染。

④由于管理缺陷造成的作业环境不良，如采光照明不利、地面湿滑、作业空间狭窄、杂乱等。

二、职业病和法定职业病

（一）概念

1. 职业健康

职业健康是研究并预防因工作导致的疾病，防止原有疾病的恶化。职业健康应以促进并维持各行业职工的生理、心理及社交处在最好状态为目的，并防止职工的健康受工作环境影响，保护职工不受健康危害因素伤害，并将职工安排在适合他们的生理和心理的工作环境中。

2. 职业病

职业病是指企业、事业单位和个体经济组织等用人单位的劳动者在职业活动中，因接触粉尘、放射性物质和其他有毒、有害因素而引起的疾病。

界定法定职业病的基本条件如下：

（1）在职业活动中产生；

（2）接触职业危害因素；

（3）列入国家职业病范围；

（4）与劳动用工行为相联系。

3. 职业病的危害

对从事职业活动的劳动者可能导致的职业病及其他健康影响的各种危害。

4. 职业病危害因素

职业活动中影响劳动者健康的、存在于生产工艺过程以及劳动过程和生产环境中的各种危害因素的统称。常见的职业病危害因素达 133 种。

5. 职业病危害作业

劳动者在劳动过程中可能接触到具有职业病危害因素的作业。

6. 职业禁忌

职业禁忌是指劳动者从事特定职业或者接触特定职业病危害因素时，比一般职业人群更易于遭受职业病危害和罹患职业病或者可能导致自身原有疾病病情加重，或者在从事作业过程中诱发可能导致对他人生命健康构成危险的疾病的个人特殊生理或者病理状态。

（二）职业病的特征

1. 危害因素的隐匿性。如，X 射线、γ 射线等，眼睛看不到，身体也感觉不到它们的存在，但他们对人体的伤害却是致命的。

2. 发病过程的累积性。如，受到小剂量危害因素短时间的伤害后，不会马上就有反应，有的几年甚至十几年、几十年后才会出现症状。

3. 容易与一般疾病混淆的混同性。如，出现苯中毒，有的人最初的症状就与感冒类似。

三、我国职业病发病特点

（一）接触职业病危害人数多

2022 年 5 月 9 日，国家卫生健康委发布全国职业病危害现状统计调查概况，调查结果显示，被调查企业的从业人员中，接触职业病危害因素劳动者有 870.38 万人，劳动者接害率为 39.36%。实际上这些数据只是"冰山一角"。

发生职业病的原因主要是：用人单位职业健康管理工作不到位；劳动者缺乏职业病防治自我保护意识。

（二）分布的行业广

1. 从煤炭、冶金、化工、建筑等传统工业，到汽车制造、医药、IT、生物工程等新兴产业都不同程度地存在职业病危害。

2. 我国各类企业中，中小企业占 90% 以上，吸纳了大量的劳动力，特别是农村劳动力，职业病危害也突出地反映在中小企业，尤其是一些个体私营企业中。

（三）职业病危害流动性大

1. 境外向境内转移，城市向农村转移，发达地区向欠发达地区转移，大中型企业向中小型企业转移。

2. 由于劳动关系的不固定性，农民工的流动性大，接触职业病危害的情况十分复杂，其健康影响难以准确估计。

（四）职业危害后果严重

1. 职业病具有隐匿性、迟发性特点，其危害往往被忽视；

2. 对个人、家庭、企业、社会都有非常严重的影响。

（五）一些职业病损尚未纳入法律保护范畴

1. 不良体位引起的职业性腰背痛；

2. 一些化学物质引起的职业性肿瘤；

3. 生物因素引起的医护人员职业损害，如 SARS 病等。

四、关于职业病的法律法规要求

（一）职业病防护设施"三同时"要求

新建、扩建、改建项目和技术改造、技术引进建设项目的职业危害防护设施必须与主体工程同时设计、同时施工、同时投入生产和使用。职业危害防护设施所需费用应当纳入建设项目工程预算。

产生严重职业危害的建设项目应当在初步设计阶段编制《职业病防护设施设计专篇》。《职业病防护设施设计专篇》应当报送建设项目所在地安全生产监督管理部门审查。

建设项目的职业病防护设施必须进行预评价、控制效果评价和竣工验收合格，方可投入正式生产和使用。

（二）作业场所的要求

对于存在职业危害的生产经营单位，其作业场所有如下要求：

1. 生产布局合理，有害作业与无害作业分开；

2. 作业场所与生活场所分开，作业场所不得住人；

3. 有与职业危害防治工作相适应的有效防护设施；

4. 有配套的更衣间、洗浴间、孕妇休息间等卫生设施；

5. 设备、工具、用具等设施符合保护劳动者生理、心理健康的要求；

6. 职业危害因素的强度或者浓度符合国家标准、行业标准；

7. 法律、法规、规章和国家标准、行业标准的其他规定。

（三）对从业人员在职业体检方面的要求

生产经营单位对从业人员在职业体检方面应满足如下要求：

1. 对接触职业危害因素的从业人员，生产经营单位应当按照国家有关规定组织上岗前、在岗期间和离岗时的职业健康检查，并将检查结果如实告知从业人员。职业健康检查费用由生产经营单位承担。

2. 生产经营单位不得安排未经上岗前职业健康检查的从业人员从事接触职业危害的作业；不得安排有职业禁忌的从业人员从事其所禁忌的作业；对在职业健康检查中发现有与所从事职业相关的健康损害的从业人员，应当调离原工作岗位，并妥善安置；对未进行离岗前职业健康检查的从业人员，不得解除或者终止与其订立的劳动合同。

（四）国家对生产经营单位的规定和要求

国家对生产经营单位的职业危害有相关的规定和要求。

1. 存在职业危害的生产经营单位应当设有专人负责作业场所职业危害因素日常监测，保证监测系统处于正常工作状态。监测的结果应当及时向从业人员公布。

2. 存在职业危害的生产经营单位应当委托具有相应资质的中介技术服务机构，每年至少进行一次职业危害因素检测，每三年至少进行一次职业危害现状评价。定期检测、评价结果应当存入本单位的职业危害防治档案，向从业人员公布，并向所在地安全生产监督管理部门报告。

3. 生产经营单位在日常的职业危害监测或者定期检测、评价过程中，发现作业场所职业危害因素的强度或者浓度不符合国家标准、行业标准的，应当立即采取措施进行整改和治理，确保其符合职业健康环境和条件的要求。

（五）对生产经营单位的其他要求

对存在职业危害的生产经营单位，应当建立健全下列职业危害防治制度和操作规程：

1. 职业危害防治责任制度；

2. 职业危害告知制度；

3. 职业危害申报制度；

4. 职业健康宣传教育培训制度；

5. 职业危害防护设施维护检修制度；

6. 从业人员防护用品管理制度；

7. 职业危害日常监测管理制度；

8. 从业人员职业健康监护档案管理制度；

9. 岗位职业健康操作规程；

10. 法律、法规、规章规定的其他职业危害防治制度。

2012 年颁布的《工作场所职业卫生监督管理规定》（国家安督总局令第 47 号）第八条规定：职业病危害严重的用人单位，应当设置或者指定职业卫生管理机构或者组织，配备专职职业卫生管理人员。

第二节 生产性有害物及其防护

化学工业生产中，特别是危险化学品的生产中接触的大多数是有害物，许多化工原料中间体和化工产品本身就是有害物。由于生产性有害物、粉尘等对人体的危害程度轻重不一，处理方式也各不相同，现通过举例方式说明如何防范。

一、生产性粉尘与尘肺防护措施

防护措施可遵循"八字方针"：宣、革、水、密、风、护、管、检。

宣，是指进行宣传教育，认识粉尘对健康的危害，调动各方面的防治尘肺病的积极性。

革，是指工艺改革，以低尘、无尘物料代替高尘物料，以不产尘设备、低产尘设备代替高产尘设备，这是减少或消除粉尘污染的根本措施。

水，是指进行湿式作业，喷雾洒水，防止粉尘飞扬，这是一种容易做到的经济有效的防尘降尘办法。如用水磨石英代替干磨，铸造业可在开箱前、清砂时浇水，保持场地潮湿等。

密，是指密闭尘源，使用密闭的生产设备或者将敞口设备改成密闭设备，把生产性粉尘密闭起来，再用抽风的办法将粉尘抽走。这是防止和减少粉尘外逸，治理作业场所空气污染的重要措施。

风，是指通风除尘。设备无法密闭或密闭后仍有粉尘外逸时，要采取通风措施，将产尘点的含尘气体直接抽走，确保作业场所空气中的粉尘浓度符合国家卫生标准。

护，是指个人防护。粉尘作业工人应使用防护用品，戴防尘口罩或头盔，防止粉尘进入人体呼吸道。防尘口罩的选择要遵循三个原则：口罩的阻尘效率要高，尤其是达到 $5\mu m$ 以下的呼吸性粉尘的阻尘效率；口罩与脸形的密合程度要好，当口罩与人脸不密合时，空气中的粉尘就会从口罩四周的缝隙处进入呼吸道；佩戴要舒适，包括呼吸阻力要小，重量要轻，佩戴卫生，保养方便，如佩戴拱形防尘口罩。

管，是指领导要重视防尘工作，防尘设施要改善，维护管理要加强，确保设备良好、高效运行。

检，是指定期对接尘人员进行体检，有作业禁忌证的人员不得从事接尘作业。

二、有机溶剂中毒及应对措施

有机溶剂中毒引起的职业危害问题，目前在全国也是非常突出的。例如生产酚、硝基苯、橡胶、合成纤维、塑料、香料，以及制药、喷漆、印刷、橡胶加工、有机合成等工作常与苯接触，可引起苯中毒，还有甲苯、汽油、四氯化碳、甲醇和正己烷中毒等。

（一）临床表现

1. 急性苯中毒

短时间内吸入大量苯蒸气或口服大量液态苯后出现兴奋或酒醉感，伴有黏膜刺激症状，可有头晕、头痛、恶心、呕吐、步态不稳。重症者可有昏迷、抽搐、呼吸及循环衰竭。尿酚和血苯可增高。吸入 20 000ppm 的苯蒸气 5～10 分钟会有致命危险。

2. 亚急性苯中毒

短期内吸入较高浓度后可出现头晕、头痛、乏力、失眠等症状。经 1～2 个月后可发生再生障碍性贫血。

3. 慢性苯中毒

主要表现为造血系统损害。

（1）齿龈、鼻腔出血，皮肤黏膜出血，月经过多，大便带血。

（2）血液检查可见，白细胞减少尤以颗粒性白细胞减少更为显著，淋巴细胞数量相对增高，较重时血小板也减少，血液中发现未成熟的髓细胞；红细胞减少且大小不等，血红蛋白下降。

（3）长期接触苯可能会致白血病。

（二）应对措施

1. 急性中毒

立即脱离现场至空气新鲜处，脱去污染的衣着，用肥皂水或清水冲洗污染的皮肤。口服者给予洗胃。中毒者应卧床静息。对症治疗。注意防治脑水肿。

2. 慢性中毒

脱离接触，对症处理。有再生障碍性贫血者，可给予小量多次输血及糖皮质激素治疗，其他疗法与内科相同。

（三）有机溶剂作业防护用品

由于有机溶剂侵入人体主要途径为呼吸道和皮肤，所以，个人防护用品重点考虑呼吸防护用品和皮肤防护用品，如，防护手套、防护服（围裙）、防毒口罩、防护眼镜、防护鞋、防护膏等。

三、酸碱灼伤急救处理

（一）酸灼伤急救方法

1. 立即脱去或剪去被污染的工作服、内衣、鞋袜等，迅速用大量的流动水冲洗创面，至少冲洗10～20分钟，特别是对于硫酸灼伤，要用大量水快速冲洗，除了冲去和稀释硫酸外，还可冲去硫酸与水作用产生的热量。

2. 初步冲洗后，用5%碳酸氢钠液湿敷10～20分钟，然后再用水冲洗10～20分钟。

3. 清创，去除其他污染物，覆盖消毒纱布后送医院。

4. 对呼吸道吸入并有咳嗽者，雾化吸入5%碳酸氢钠液或生理盐水冲洗眼眶内，伤员也可将面部浸入水中自己清洗。

5. 口服者不宜洗胃，尤其是口服已有一段时间者，以防引起胃穿孔。可先用清水，再口服牛乳、蛋白或花生油约200毫升。不宜口服碳酸氢钠，以免产生二氧化碳而增加胃穿孔危险。大量口服强酸和现场急救不及时者都应急送医院救治。

（二）碱灼伤急救处理

若发生碱灼伤，急救方法如下：

1. 皮肤碱灼伤

脱去污染衣物，用大量流动清水冲洗污染的皮肤20分钟或更久。对氢氧化钾灼伤，要冲洗到创面无肥皂样滑腻感；再用5%硼酸液温敷10～20分钟，然后用水冲洗，不要用酸性液体冲洗，以免产生中和热而加重灼伤。

2. 眼睛灼伤

立即用大量流动清水冲洗，严禁用酸性物质冲洗眼内，伤员也可把面部浸入充满流动水的器皿中，转动头部、张大眼睛进行清洗，至少洗20分钟以上，然后再用生理盐水冲洗，并滴入可的松液与抗生素。

3. 因生石灰引起的灼伤

要先清扫掉粘在皮肤上的生石灰，再用大量的清水冲洗，千万不要将粘有大量石灰粉的伤部直接泡在水中，以免石灰遇水生热加重伤势。经过清洗后的创面用清洁的被单或衣物简单包扎后，即送往医院治疗。

冲洗时机：争分夺秒，立即到最近的地方用大量流动的水冲洗眼和皮肤。

冲洗时间：30分钟以上，在转运过程中继续冲洗30～40分钟，直到送往医院。

冲洗方法：尽量睁大眼睛，令上下穹窿球结膜充分暴露，眼球向各方转动。

后期治疗：情况一般的，进行抗感染治疗；情况较重者，需要羊膜覆盖手术，保护剩余角膜，预防感染。

第三节　噪声、辐射及其防护技术

一、噪声及其危害

（一）生产性噪声的特性、种类及来源

在生产中，由于机器转动、气体排放、工件撞击与摩擦所产生的噪声，称为生产性噪声或工业噪声。生产性噪声可归纳为三类。

1. 空气动力噪声

由于气体压力变化引起气体扰动，气体与其他物体相互作用所致。例如，各种风机、空气压缩机、烟气轮机汽轮机等，由于压力脉冲和气体排放发出的噪声。

2. 机械性噪声

机械撞击、摩擦或质量不平衡旋转等机械力作用下引起固体部件振动所产生的噪声。例如，各种粉碎机球磨机等发出的噪声。

3. 电磁性噪声

由电磁场脉冲引起电气部件振动所致。如电磁式振动台和振荡器、大型电动机、发电机和变压器等产生的噪声。

生产场所的噪声源很多，即使一台机器也能同时产生上述三种类型的噪声。

能产生噪声的作业种类甚多。受强烈噪声作用的主要工种有泵房操作工、使用各种风动工具的工人、纺丝工等。

（二）生产性噪声对人体的危害

1. 噪声性耳聋

（1）定义

是法定职业病，是人们在工作过程中，由于长期接触噪声而发生的一种进行性的感音性听觉损伤。早期表现为听觉疲劳，离开噪声环境后可以逐渐恢复，久之则难以恢复，终致感音神经性聋。

（2）诊断

有明确的噪声接触史；有自觉听力损伤或其他症状；纯音测听为感音性耳聋；结合动态观察资料和现场。

2. 神经系统

出现头痛、头晕、耳鸣、疲劳、睡眠障碍、记忆力减退、情绪不稳定、易怒等。

3. 内分泌及免疫系统

中等强度噪声，肾上腺皮质功能增强；大强度噪声，功能则减退。接触噪声，免疫功能减退。

4. 消化系统

胃肠功能紊乱、食欲不振、胃液分泌少、胃紧张度降低、胃蠕动减慢等。

二、电磁辐射及其危害

（一）非电离辐射

1. 射频辐射

（1）高频作业

金属的热处理、表面淬火、金属熔炼、热轧及高频焊接等，使用的频率多为300k～

3MHz。工人作业地带高频电磁场主要来自高频设备的辐射源，包括振荡部分和回路部分，如高频振荡管、电容器、电感线圈、高频变压器、馈线和感应线圈等部件。无屏蔽的高频输出变压器常是工人操作位的主要辐射源。对于半导体外延工艺来说，主要辐射源是感应线圈。塑料热合时，工人主要受到来自工作电容器的高频辐射。馈线也是作业地带电磁场强度的辐射源之一。

（2）微波作业

微波具有加热快、效率高、节省能源的特点。微波加热广泛用于医药、纺织印染等行业。

（3）射频辐射对健康的影响

高频电磁场主要有害作用来源于中波和短波。高频电磁场场强较大时，短期接触即可引起体温变化，班后体温、皮肤温比班前明显升高。可出现中枢神经系统和自主神经系统功能紊乱，心血管系统的变化。

2. 红外线

在生产环境中，加热金属、熔融玻璃、强发光体等可成为红外线辐射源。热处理工、焊接工等可受到红外线辐射。

红外线引起的白内障是长期受到炉火作用或加热红外线辐射而引起的职业病，为红外线所致晶状体损伤。职业性白内障已列入职业病名单，如玻璃工的白内障，一般多发生于工龄长的工人。患者出现进行性视力减退，晚期仅有光感。一般双眼同时发生，进展缓慢。

3. 紫外线

生产环境中，物体温度达 12 000℃以上的辐射的电磁波谱中即可出现紫外线。常见的辐射源有电焊、氧乙炔气焊、氧弧焊、等离子焊接等。强烈的紫外线辐射作用还可引起皮炎等。在作业场所比较多见的是紫外线对眼睛的损伤，即由电弧光照射所引起的职业病——电光性眼炎。

4. 激光

激光也是电磁波，目前使用各种激光所发出的波长已达 150nm～774μm，属于非电离辐射。在工业生产中主要利用激光辐射能量集中的特点，用于焊接、打孔、切割、热处理等。激光对健康的影响主要是它的热效应和光化学效应造成的机械性损伤。眼部受激光照射后，可突然出现眩光感，视力模糊，或眼前出现固定黑影，甚至视觉丧失。激光还可对皮肤造成损伤。

（二）电离辐射

1. 概述

凡能引起物质电离的各种辐射称为电离辐射。其中 α、β 等带电粒子都能直接使物质电离，称为直接电离辐射；γ 光子、中子等非带电粒子，先作用于物质产生高速电子，继而由这些高速电子使物质电离，称为非直接电离辐射。

2. 电离辐射引起的职业病——放射病

放射性疾病是人体受各种电离辐射照射而发生的各种类型和不同程度损伤（或疾病）的总称。它包括如下病症：

①全身性放射性疾病，如急慢性放射病；

②局部性放射性疾病，如急、慢性放射性皮炎，辐射性白内障；

③放射所致远期损伤，如放射所致白血病。

（三）异常气象条件及有关职业病

1. 生产环境的异常温度与湿度

①受大气和太阳辐射的影响，在纬度较低的地区，夏季容易形成高温作业环境。

②生产场所的热源，如各种加热炉、废热锅炉、化学反应釜，以及机械摩擦和转动的产热，都可以通过传导和对流使空气加热。

③在人员密集的作业场所，人体散热也可以对工作场所的气温产生一定的影响。

④空气湿度的影响主要来自各种敞开液面的水分蒸发或蒸汽扩散，如化纤车间抽丝等，可以使生产环境湿度增加。另外，风速、气压和辐射热都会对生产作业场所的环境产生影响。

2. 作业场所异常气象条件的类型

（1）高温、强热辐射作业

工作地点气温 30℃ 以上、相对湿度 80% 以下的作业，或工作地点气温高于夏季室外气温 2℃ 以上，均属高温、强热辐射作业。如化工企业的动力车间，这些作业环境的特点是气温高、热辐射强度大，相对湿度低，形成干热环境。

（2）高温、高湿作业

气象条件特点是气温高、湿度大，热辐射强度不大，或不存在热辐射源。如印染、缫丝等工业中，液体加热或蒸煮，车间气温可达 35℃ 以上，相对湿度达 90% 以上。

（3）低温作业

接触低温环境主要见于冬天在寒冷地区或南、北极区从事野外作业，如制冷作业，冷库等。室内条件限制或其他原因而无采暖设备亦可形成低温作业环境。如在冷库或地窖等人工低温环境中或人工冷却剂的储存或运输过程中，亦可使接触者受低温侵袭。

（4）高气压作业

高气压作业主要有潜水作业和潜涵作业。潜水作业常见于水下施工、海洋资料及海洋生物研究、沉船打捞等。潜涵作业主要见于修筑地下隧道或桥墩，工人在地下水位以下的深处或沉降于水下的潜涵内工作，为排出涵内的水，须通入较高压力的高压气。

（5）低气压作业

高空、高山、高原均属低气压环境，在这类环境中进行运输、勘探、筑路、采矿等生产劳动，属低气压作业。

3. 异常气象条件对人体的影响及引起的职业病

（1）高温作业对肌体的影响

高温作业对肌体的影响主要是体温调节和人体水盐代谢的紊乱。在高温作业条件下大量出汗使体内水分和盐大量丢失。对循环系统、消化系统、泌尿系统都可造成一些不良影响。

（2）低温对肌体的影响

在低温环境中，体温逐渐降低。由于全身过冷，使肌体免疫力和抵抗力降低，易患感冒、肺炎、肾炎、肌痛、神经痛、关节炎等。

身体局部的冷损伤称为冻伤。其多发部位是手、足、耳、鼻以及面颊等。

（3）高低气压对人体的影响

高气压对肌体的影响，可引起耳充塞感、耳鸣、头晕等，甚至造成鼓膜破裂。在高气压作业条件下，欲恢复到常压状态时，有个减压过程，在减压过程中，如果减压过速，则引起减压病。低压作业对人体的影响是由低压性缺氧而引起的损害。

4. 异常气象条件引起的职业病

（1）中暑是高温作业环境下发生的一类疾病的总称，是肌体散热机制发生障碍的结果。按照发病机制可分为热射病（含日射病）、热痉挛、热衰竭三种类型。按病情轻重可分为先兆中暑、轻症中暑、重症中暑。

（2）减压病主要发生在潜水作业后，表现为肌肉、关节和骨骼酸痛或针刺样剧烈疼痛，头痛、眩晕、失明、听力减退等。

（3）高原病是发生于高原低氧环境下的一种特发性疾病。主要症状为头痛、头晕、心悸、气短、恶心、腹胀、胸闷、紫绀等。严重的还可发生高原肺水肿和高原脑水肿。

第四节　职业危害防护用品及防护措施

个体防护器具是防止职业危害因素直接侵害人体的最后一道防线。有些较差的劳动环境一时难以治理好，而劳动者到这种环境巡回检查时间又较短，可以做好个体防护，防止其危害。

劳动防护用品的品种很多，由于各部门、不同单位对防护用品的要求不同，分类方法也就不同。生产劳动防护用品的企业通常按材料分类，以利于安排生产和组织进货。劳动防护用品经营商店和使用单位为便于经营和选购，通常按防护功能分类。而管理部门和科研单位，从劳动卫生学角度，按防护部位分类。为便于管理和使用，我国原劳动部于1995年颁发了"劳动防护用品分类与代码"（LD/T 75-1995）的行业标准。该标准结合国际惯例，与国际接轨，采用以人体防护部位为主的分类方法，同时又照顾到劳动防护用品防护功能和材料分类的原则。该标准分类代码采用四层全数字型编码。

第一层以防护用品性质的分类代码，分为特种防护用品和一般防护用品。

第二层以防护用品的防护部位的分类代码，分为九类：头部防护品、呼吸器官防护用品、眼面部防护品、听觉器官防护品、手部防护用品、足部防护用品、躯干防护品、护肤用品、防坠落及其他防护用品。

第三层以防护功能的分类代码，共分为27类：普通、防尘、防水、防寒、防冲击、防毒、阻燃、防静电、防高温、防电磁辐射、防射线、防酸碱、防油、防坠落、防烫、水上救生、防昆虫、给氧、防风沙、防强光、防噪声、防振、防切割、防滑、防穿刺、电绝缘、防其他。

第四层以防护用品的种类顺序排列码。

一、典型防护用品简介

（一）头部防护用品

头部防护用品是为了保护头部不受外来物体打击和其他因素危害而配备的个人防护装备。

根据防护功能要求，目前主要有一般防护帽、防尘帽、防水帽、防寒帽、安全帽、防静电帽、防高温帽、防电磁辐射帽、防昆虫帽九类产品。

（二）呼吸器官防护用品

呼吸器官防护用品是为防御有害气体、蒸气、粉尘、烟、雾经呼吸道吸入，或直接向使用者供自给式正压空气呼吸器，保证尘、毒污染或缺氧环境中作业人员正常呼吸的防护用具。呼吸器官防护用品按防护功能主要分为防尘口罩和防毒口罩（面具），按型式又可分为过滤式和隔离式两类。

（三）眼面部防护用品

预防烟雾、尘粒、金属火花和飞屑、热、电磁辐射、激光、化学飞溅等伤害眼睛或面部的个人防护用品称为眼面部防护用品。

眼面部防护用品种类很多，根据防护功能，大致可分为防尘、防水、防冲击、防高温、防电磁辐射、防射线、防化学飞溅、防风沙、防强光九类。

（四）听觉器官防护用品

能够防止过量的声能侵入外耳道，使人耳避免噪声的过度刺激，减少听力损失，预防由噪声对人身引起的不良影响的个体防护用品，称为听觉器官防护用品。听觉器官防护用品主要有耳塞、耳罩和防噪声头盔三大类。

（五）手部防护用品

具有防护手和手臂的功能，供作业者劳动时使用的手套称为手部防护用品，通常被人们称作劳动防护手套。

手部防护用品按照防护功能分为 12 类，即一般防护手套、防水手套、防寒手套、防毒手套、防静电手套、防高温手套、防 X 射线手套、防酸碱手套、防油手套、防振手套、防切割手套、绝缘手套。每类手套按照材料又能分为许多种。

（六）足部防护用品

防止生产过程中有害物质和能量损伤劳动者足部的护具，通常人们称之位劳动防护鞋。

足部防护用品按照防护功能分为防尘鞋、防水鞋、防寒鞋、防足趾鞋、防静电鞋、防高温鞋、防酸碱鞋、防油鞋、防烫脚鞋、防滑鞋、防刺穿鞋、电绝缘鞋、防振鞋 13 类，每类鞋根据材质不同又能分为许多种。

（七）躯干防护用品

躯干防护用品就是我们通常讲的防护服。根据防护功能，防护服分为一般防护服、防水服、防寒服、防砸背心、防毒服、阻燃服、防静电服、防高温服、防电磁辐射服、耐酸碱服、防油服、水上救生衣、防昆虫服、防风沙服 14 类产品，每一类产品又可根据具体防护要求或材料分为不同品种。

（八）防坠落用品

防坠落用品可防止人体从高处坠落，如通过绳带，将高处作业者的身体系接于固定物体上，或在作业场所的边沿下方张网，以防不慎坠落，这类用品主要有安全带和安全网两种。

按使用方式，安全带分为围杆安全带和悬挂、攀登安全带两类。

安全网是应用于高处作业场所边侧立装或下方平张的防坠落用品，用于防止和挡住人和物体坠落，使操作人员避免或减轻伤害的集体防护用品。根据安装形式和目的，安全网分为立网和平网。

二、作业场所职业危害防护措施

（一）冲淋洗眼装置

冲淋洗眼装置是当现场作业者的眼睛或者身体接触有毒有害以及具有其他腐蚀性化学物质的时候，这些设备可以对眼睛和身体进行紧急冲洗或者冲淋，主要是避免化学物质对人体造成进一步伤害。但是这些设备只是对眼睛和身体进行初步的处理，不能代替医学治疗，情况严重的，必须尽快进行进一步的医学治疗。

（二）职业危害告知卡及告知牌

在化工企业作业场所，企业应该设置职业危害告知卡以及危害因素监测告知牌或者类似的宣传栏，以便及时告知生产人员相关危害信息。

（三）有毒气体报警仪

有毒气体报警仪，用于检测大气中的有毒气体，浓度用 ppm（百万分之一）表示，氧气用盈亏表示（%VOL）。

（四）风向标

风向标，顾名思义是指示风向的装置，安装在有毒有害的化工生产区域，其作用是一旦化工企业的危险化学品出现泄漏，有毒有害的物质会顺风流动，在下风向，有毒有害的物质浓度会相对较大。为了减少有毒有害物质的伤害，企业职工和周边居民应逆风向疏散，即朝上风向走。此时，若能看到设在高处的风向标，可帮助人们辨清方向。为此，《化工企业安全卫生设计规定》中明确规定：在有毒有害的化工生产区域应设风向标。

（五）紧急应急集合点

紧急应急集合点是为人员应急疏散后重新集合预定的第一地点。应急疏散通道是为人员安全并尽快撤离潜在事故发生地预定的行走路线。

参考文献

[1] 李浩. 化工设备拆装 [M]. 北京：化学工业出版社，2023.

[2] 李保红，高召，王剑锋. 化工原理实验 [M]. 北京：化学工业出版社，2023.

[3] 杨小芹，万永周，韩梅. 化工生产实习指导 [M]. 北京：化学工业出版社，2023.

[4] 苏国栋，刘华彦，李正辉. 化工设计——以大学生化工设计竞赛为案例 [M]. 北京：化学工业出版社，2023.

[5] 张新平. 面向工业化的化工并行开发方法与实践 [M]. 北京：化学工业出版社，2023.

[6] 李涛，魏永明，彭阳峰. 化工安全基本原理与应用 [M]. 北京：化学工业出版社，2023.

[7] 刘德志. 工程材料与机械基础 [M]. 北京：化学工业出版社，2023.

[8] 訾雪. 压力容器制造与检验 [M]. 北京：化学工业出版社，2023.

[9] 丁一刚，刘生鹏. 化学反应工程 [M]. 北京：化学工业出版社，2023.

[10] 樊亚娟，薛叙明. 化工仿真操作实训 [M]. 北京：化学工业出版社，2023.

[11] 施云海. 化工热力学 [M]. 3 版. 上海：华东理工大学出版社，2022.

[12] 田博，宋春燕，朱召怀. 化工工程技术与计量检测 [M]. 汕头：汕头大学出版社，2022.

[13] 石岩，段云霞. 化工园区废水分类收集与分质预处理技术 [M]. 天津：天津大学出版社，2022.

[14] 郝海刚，张军. 现代煤化工技术 [M]. 北京：高等教育出版社，2022.

[15] 向丹波. 化工装置操作技能 [M]. 北京：北京理工大学出版社，2022.

[16] 王利霞，宋延华. 化工安全与环保 [M]. 北京：化学工业出版社，2022.

[17] 李士雨. 化工分离过程 [M]. 北京：科学出版社，2022.

[18] 王彧斐，冯霄，杨敏博. 化工节能原理与技术 [M]. 5 版. 北京：化学工业出版社，2022.

[19] 吴懿波. 煤化工技术的理论与实践应用研究 [M]. 长春：吉林科学技术出版社，2022.

［20］ 邹刚，王巧纯，武文俊. 精细化工专业实验教程［M］. 北京：化学工业出版社，2022.

［21］ 谭蔚. 化工设备设计基础［M］. 4版. 天津：天津大学出版社，2022.

［22］ 王浩水. 化工过程安全管理与实践［M］. 北京：中国石化出版社，2022.

［23］ 颜鑫. 无机化工生产技术与操作［M］. 3版. 北京：化学工业出版社，2022.

［24］ 沈王庆，李国琴，黄文恒. 化工仿真实验［M］. 成都：西南交通大学出版社，2022.

［25］ 韦晓燕. 现代化工设计基础［M］. 杭州：浙江大学出版社，2022.

［26］ 王玉亮. 石油化工储运管理［M］. 北京：中国石化出版社，2022.

［27］ 刘梦溪，卢春喜，王祝安. 流态化技术在化工过程中的应用［M］. 北京：化学工业出版社，2022.

［28］ 王欣，陈庆，葛彩霞. 化工单元操作［M］. 北京：化学工业出版社，2022.

［29］ 宋艳玲. 化工产品生产技术［M］. 北京：化学工业出版社，2022.

［30］ 吴健. 教材化工 DCS 技术与操作［M］. 3版. 北京：化学工业出版社，2022.

［31］ 贺清芳，宋海霞，万琼. 石油化工装置仿真操作［M］. 北京：石油工业出版社，2022.

［32］ 杨永杰，涂郑禹. 化工环境保护概论［M］. 3版. 北京：化学工业出版社，2022.

［33］ 冷士良，陆清，宋志轩. 化工单元操作及设备［M］. 3版. 北京：化学工业出版社，2022.

［34］ 周安宁，罗振敏. 化工安全与环保概论［M］. 徐州：中国矿业大学出版社，2022.

［35］ 邱泽刚，徐龙. 能源化工工艺学［M］. 北京：化学工业出版社，2022.

［36］ 宋晓玲，冯俊. 氯碱化工循环经济创新与发展［M］. 北京：科学出版社，2022. 10.